ウソみたいな動物の話を大学の先生に解説してもらいました。

著
鳥取環境大学学長
小林朋道
協力
ナゾロジー（科学ニュースサイト）

はじめに

本書は、科学情報サイト「ナゾロジー」に掲載されている研究報告をもとに、内容の意義や正確さ、他の関連研究なども考慮したり加えたりしながら書いたものです。

現在、野生動物に関する、これまで研究者も含め我々がもっていた認識が（以前からポツポツとは報告されていましたが）かなり大きく、急速に変化しつつある状況だと言ってもよいと思います。たとえば、オランウータンが、明らかに自然の植物の中から傷に効く薬草を選び出し、それを傷口に塗って回復を早めたり、ホンソメワケベラと呼ばれる魚が、鏡に映った自分の像を見て寄生虫がついている場所を認識し、水底に体をこすりつけて寄生虫を落とそうとしたり……。

そういった、これまでは偶然生じた出来事として片付けられていた行動や見落とされていた行動が、科学の手法で検証されたり新たに見出されたりしているのです。

そういった状況を反映して、動物の驚くような行動を紹介する書籍も増えているように思います（中には誇張しすぎて間違った内容を伝えたり、まだまだ検証実験が必要な内容を「断定」したりするものも少なくないのですが）。

さて、そういった生き物の研究に対して読者の中には、たとえば、ＡＩなども含めた、人類の暮らしに役立つことがすぐわかるＩＴ系の研究とは異なり、生き物の研究は人類にどんな利益をもたらすのか、と思われる方もおられるでしょう。

しかし、考えてみましょう。なぜ、たとえば今から１００年前の社会と比べ、病気や飢餓で死ぬ人々の数が急速に減少し、今や、世界の全人類の寿命が約72歳になってきたのでしょうか。

それは人類が外界の事物事象に対して好奇心をもち、何がどうしてそうなったのか、なぜそれは起こったのか、調べようとする特性があったからです。それによって明らかになった知見が、その後応用されて、暮らしに役に立つ技術や知見へとつながっていったからです（もちろん逆の場合もあるでしょうが）。

そういった、暮らしに直接役に立たない好奇心が今から約20万年前に地球に現れたと考えられている人類（ホモサピエンス）の生存・繁殖に有利に働いたことは想像に難くありません。特に自然の中で狩猟採集生活を行っていた（それがホモサピエンス史の9割以上を占める）人類にとっては、生物のことを知りたいと思う好奇心が重要であったことは間違いないのではないでしょうか。

そして、そういった好奇心は、生物以外の「物」にも向けられたと考えられ、それが人類をロケットで月へと運んだりＡＩを生み出したりしてきたのだと考えられるのです。

オランウータンの薬草使用や、ホンソメワケベラの自己認知は、技術の発展の原動力としてだけ働いたわけではありません。全世界の人々の一部を除いて、少なくとも科学者の間ではほぼ全員が支持している、ダーウィンの「進化論」が示すように、生物は自分がもつ遺伝子を自分以降の世代に、競争での勝利や他個体との協力を通して、より多く残っていくようにゆっくりゆっくり変化させていきます。それを念頭に置くと、我々ホモサピエンスの実像を知るうえで、ホモサピエンス以外の生物の特性を知ることはとても重要なことなのです。

たとえば、人類はなぜ自爆テロをするのか、あるいは戦争をするのか、なぜ環境破壊をするのか、なぜ少子化が起こるのかホモサピエンスに似せたＡＩは人類の社会にどんな影響を与えるのかなどの、現在、ホモサピエンスが抱えるテーマを、ホモサピエンスの実態をより深く理解したうえで考えることを可能にするのです。

本書を読むにあたって読者の方には、好奇心をもって本書を読んでいただき、科学的に実証されている、あるいは実証されつつある「ウソみたいな」動物の認知・行動を知っていただきたいと思います。

ただし、どんな現象でも、研究の進行とともに理解にも終わりがありません。本書の内容も同じです。「そうか、もうわかった！」で完了してしまうのではなく、知見の始まり知見の基本像と考えていただきたいことを加えて、「はじめに」の終わりとします。

鳥取環境大学学長　小林朋道

ウソみたいな動物の話を大学の先生に解説してもらいました。　目次

1章　動物たちの不思議な生態

2章　環境に適応する驚きの身体機能

4章　意外と知らない身近な動物の謎

5章　いろいろあります……複雑な親子関係

◇それぞれの出産・子育て　230

1章

動物たちの
不思議な生態

驚異のコミュニケーション

お互いの顔がわかっている!?

まずは「『動物が群れの中の他の個体を識別している』ことはさまざまな種で明らかにされてきた」という話から始めましょう。

「動物が群れの中の他の個体を識別している」例についてまずは昆虫から。昆虫の中には、コロニーの他のメンバーの「顔」を見分けられることが実験によって確認されている種が一種います。

それはアシナガバチ（正確にいうとアシナガバチの一種 *Polistes fuscatus*）です。50匹程度の個体からなるコロニーにいるハチたちの正面からの顔を一匹ずつ撮った写真を使って行われた実験で、彼らは各メンバーの顔を識別・記憶していることが示されたのです。ハチ類は世界中で、少なくとも2万種が知られていますが、その中には *Polistes fuscatus*（以後 *P.fuscatus*）のようにコロニーの他の個体を識別する種が、おそらくまだいるに違いありません。しかし今のところは、その能力は *P.fuscatus* でしか知られていません。

ちなみに、*P.fuscatus* がなぜ「顔」識別の能力を有しているのか、*P.fuscatus* の生存・繁殖にとってどのような利益があるのか、については次のような仮説が考えられています。

P.fuscatus はミツバチのようにコロニーをつくりますが、ミツバチのように、「コロニーの中で女王は一匹で、その一匹の女王と他のたくさんの働きバチ」といった明確な社会構造をもつのではなく、一つのコロニーの中に複数の女王がおり、さらに、それぞれの女王の間に順位があるのです。そして、その女王の順位に伴って、各々の女王から生まれた働きバチにも順位がある可能性があるのです。

つまり、一度争いがあって出来上がった順位は、各個体が識別し合って互いに争いを繰り返さないほうが、それぞれにとって有利だということです。

魚の例も紹介しましょう。大阪市立大学（現 大阪公立大学）の幸田氏たちが行った研究により、プルチャー（アフリカ東部のタンガニーカ湖に生息する淡水魚）

は、同種の相手の顔を見て各個体を識別していることを示す実験結果を得ています。また、東京大学の王氏たちは、メダカも同様に、同種の相手の顔を見て各個体を識別していることを示す実験結果を得ています。いずれの実験でも、顔以外の部分については、個体が異なっても反応は変化しないのに、顔を、別個体の顔に替えると、生態にうまく合致した具合に反応が変わったのです。例えば、はっきりとした縄張りをつくるプルチャーでは、隣に縄張りを構えていてよく見かける個体に対しては、その顔（写真）を見せても行動を変えないのに、見知らぬ個体の顔を見せると激しく攻撃したのです。顔以外の部分についてはこのようなことは起こりませんでした。

メダカでは、メスはよく見ていたオスを配偶相手に選ぶことが知られています。ガラス越しに顔だけが見えるようにして複数のオスを見せると、メスは「よく見ていたオス」を選びましたが、顔以外の場所が見えるようにしておいても選択は起こりませんでした。

鳥類でも、「群れの中の他の個体を識別している」ことは、多くの種で確認されています。さらに、慶應義塾大学の渡辺氏たちは、ハシブトガラスを対象にして、「他の個体の識別」をめぐる、カラスのさらに深い認知特性を明らかにしています。ハシブトガラスは、群れの中の各個体について「鳴き声」と「姿」とを結びつけて記憶しているというのです。

実験の内容と結果は、ざっと以下の通りです。

群れの中で互いに相手を知っているカラスを2羽、網越しに対面させます。次に、網にカーテン、つまり向こう側が見えないようにして網の向こうにいるカラスの鳴き声を聞かせます。それを聞いたこちら側のカラスは特別な反応を見せませんでした。

ところが、カーテンの向こう側にいるはずの個体とは別のカラスの鳴き声を聞かせると、こちら側のカラスは落ち着かなくなり、カーテン越しに向こう側の個体を覗こうとし始め、向こう側の部屋が見える小さな隙間をあけておくとその隙間から隣の部屋を長時間覗き続けたといいます。

カラスは、仲間の顔を識別することはもちろん、異種であるヒトの顔も識別し

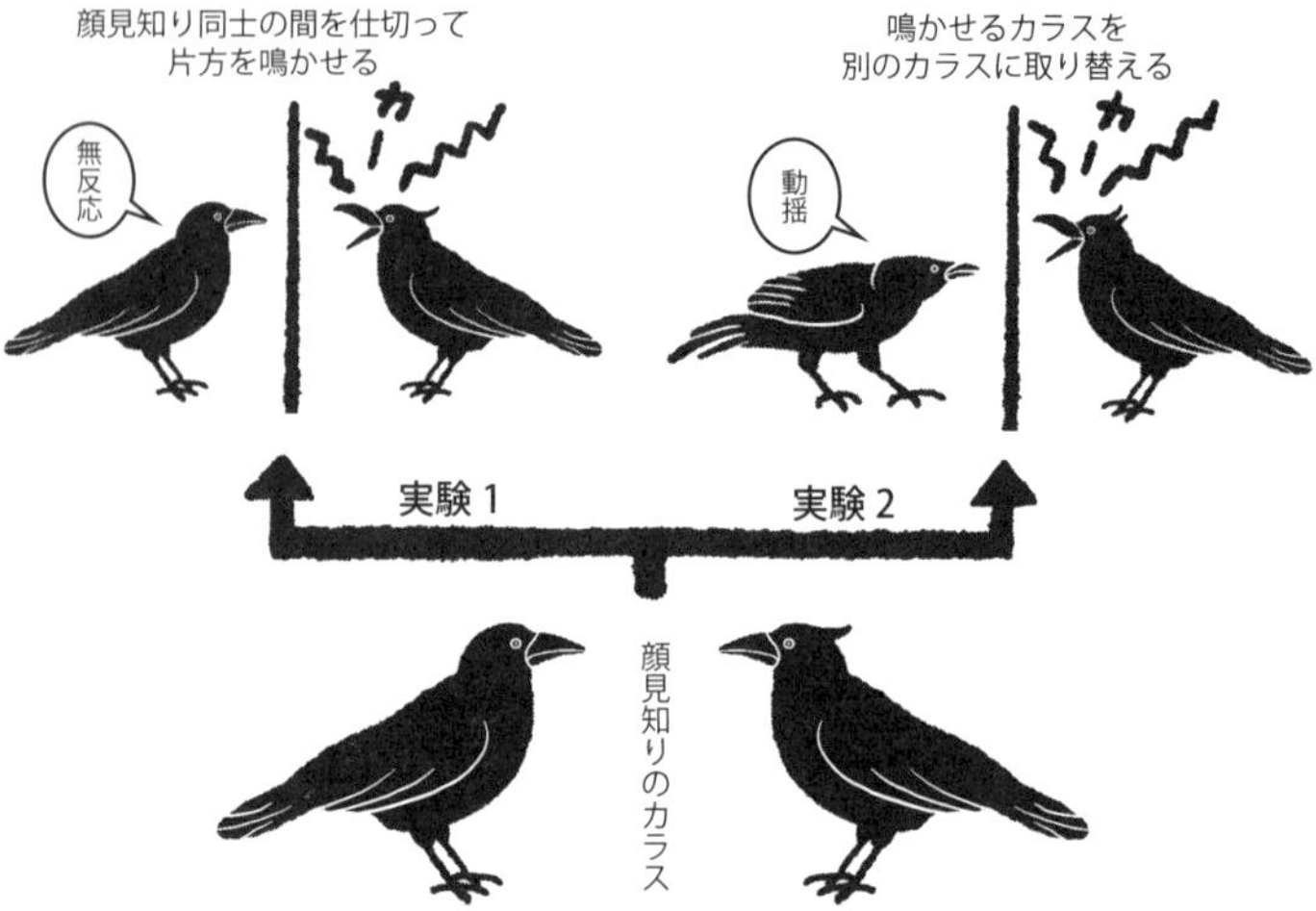

て記憶しておくことが知られていますが、顔も含めた「姿」と「鳴き声」を、一個体の属性として統合して認知、記憶しておくことができるということです。このような能力が確認されたのは、ヒトという動物以外でははじめてのことです。

複雑な動きを展開するカラス社会の中では、こういった能力は生存・繁殖に有利に作用することは十分予想できることです。

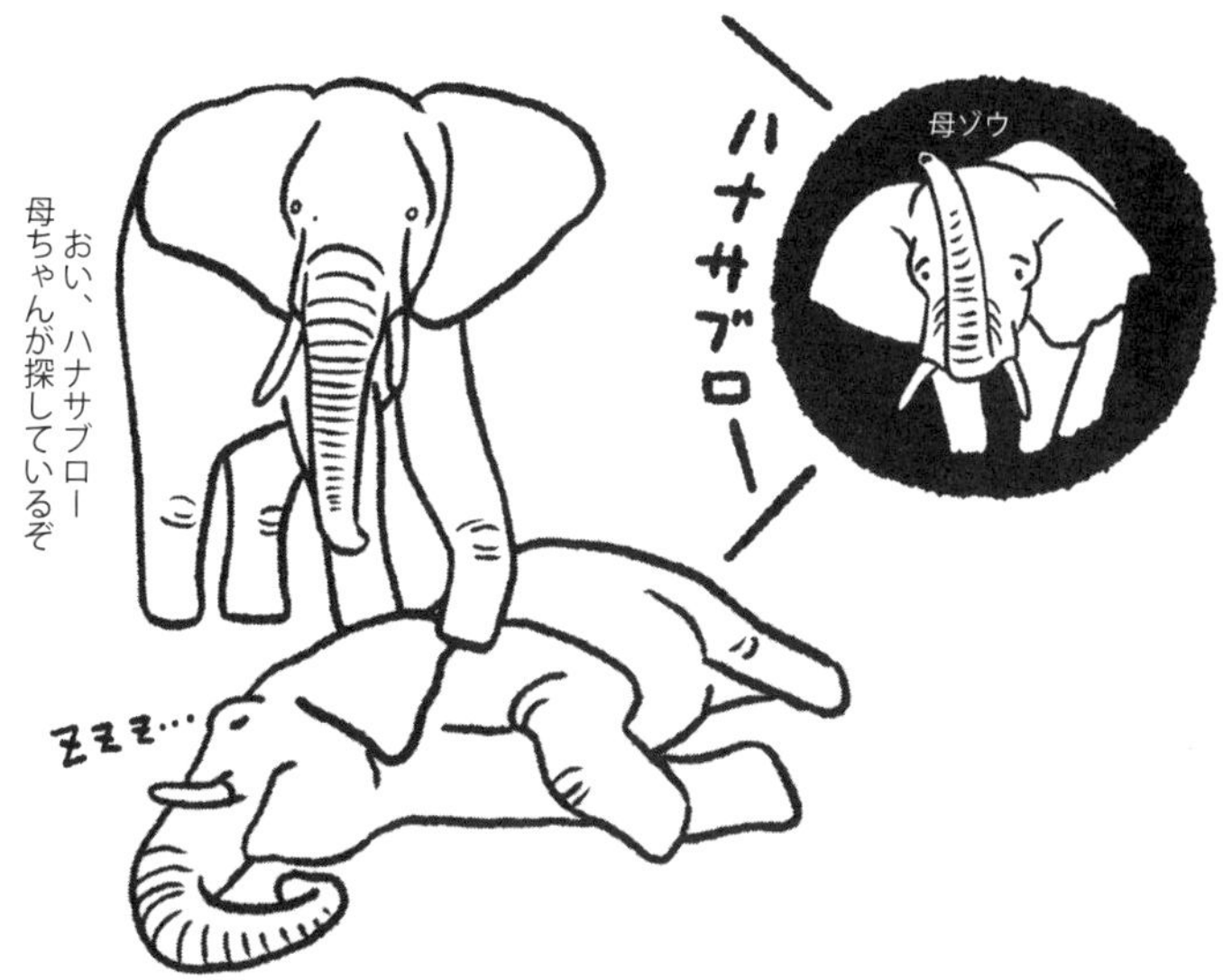
ハナサブロー
母ゾウ
おい、ハナサブロー
母ちゃんが探しているぞ
Zzz…

互いに「名前」で呼び合うアフリカゾウ

さらに驚くのがアフリカゾウです。アフリカゾウは、群れの仲間の一頭一頭を識別したうえで、ある個体に対しては、どのゾウも同じパターンの音の連鎖（一まとまりのつながり）——例えばヒトの場合だと「ハナサブロー」といった音声パターンで呼びかけているようです。

この現象が完全に証明されれば、「アフリカゾウは互いに『名前』で呼び合っている」と表現してもよいでしょう。そして確かにヒト以外では知られていない動物のコミュニケーションの方法なのです。

この研究成果[①]を発表したアメリカ・コロラド州立大学の研究チームは、アフリカゾウでこのようなコミュニケーション特性が発達した理由として、群れの構造に関係があるのではないかと考えています。ゾウの群れは一般に、家族であっても数km単位で遠く離れて活動することが普通で、遠くにいる家族に自分の位置を知らせたり、呼び戻したりするために「名前」を使っているのではないかと推察されています。

ゾウは、ヒトには聞き取ることができない低周波の音を聞き取ることができます。低周波音は高周波音に比べ遠くまで音が減衰することなく届くので、「名前」呼びに利用している可能性はあります。

ちなみに、私のゼミに所属していた森さんは、ヤギが群れの中で発された鳴き声（他の個体に向けて発されるコンタクトコールと呼ばれる鳴き声）について、どのヤギが発したのかを認知できることを明らかにしました。

① Michael A. Pardo, et al. "African elephants address one another with individually specific name-like calls". Nature Ecology & Evolution, 2024.

たとえば、あるヤギをある場所にリードでつないだ状態で、その個体の右側10mの場所からは、スピーカーでそのヤギの姉妹のコンタクトコールを、左側10mの場所からは非血縁個体のコンタクトコールを流した場合、常に姉妹のコールのほうへ近づこうとします。

ただし、声を識別する能力はあっても、ある個体に常に特有の音声パターンで呼びかけているかどうかは調べていません。私は、もう20年以上、大学のヤギ部の顧問としてヤギたちを見ていますが、それは特有の音声パターンで呼びかけてはいないと思います。つまりヤギは、離れたところからコールを聞いたとき、誰が鳴いているかはわかるのですが、誰に向けて鳴いているのかはわからないというわけです。

これからも動物たちの心の深さを推察させてくれる研究成果は、どんどん発表されていき、ヒトはその深さに心を動かされるのでしょう。

表情でやりとりするイルカ

私は、水族館や海中などで泳ぐイルカの映像を見ることがよくありますが、映像の中のイルカは、口を開けていることが多いのです。

その口を開けている表情は、我々ホモサピエンスの表情の中では、口角を上げたほほえみや笑いの表情に似ているため「イルカは表情が豊かな動物」という印象があります。読者の中にも、私と同様の印象をもっている方もおられるのではないでしょうか。

しかし実際には、イルカの顔には確かに何種類もの筋肉があるものの、それらは食物を飲み込むことを主要な働きとして機能するようにできており、我々ホモサピエンスのように各々の表情筋がさまざまな度合いで動き、多様な表情をつくり出すようにはできていません。

多くの研究者は、イルカは水中生活に適応して、頭頂部にメロンと呼ばれる組織をもち、メロンから発される音波（水中波）によるコミュニケーションを発達させていると考えています。

そして、遺伝子解析による研究から、このメロンという組織は、進化的には物を噛む筋肉（咀嚼筋）から派生したものであることが示されています。つまり、イルカは表情を変えるうえで、少なくともホモサピエンス等では重要な働きを担っていた表情筋の一つを、水中波を発生するためのメロンにつくり変えた、というわけです。そんな事情もあり、イルカの研究者はイルカの行動や認知能力の解明のため、彼らが発する多彩な水中波を主要な研究対象としているというのが現状です。

ところが最近、研究はまだ十分進んではいないのですが、シロイルカについては表情を変化させて仲間とのコミュニケーションに使っている可能性を示す報告が出てきたのです

その研究成果①は、アメリカ・ロードアイランド大学のリチャード氏を中心にするチームによるもので、２０２４年の国際科学雑誌 Aimal Cognition に掲載されました。その概要は以下のような内容でした。

① Belugas (Delphinapterus leucas) create facial displays during social interactions by changing the shape of their melons

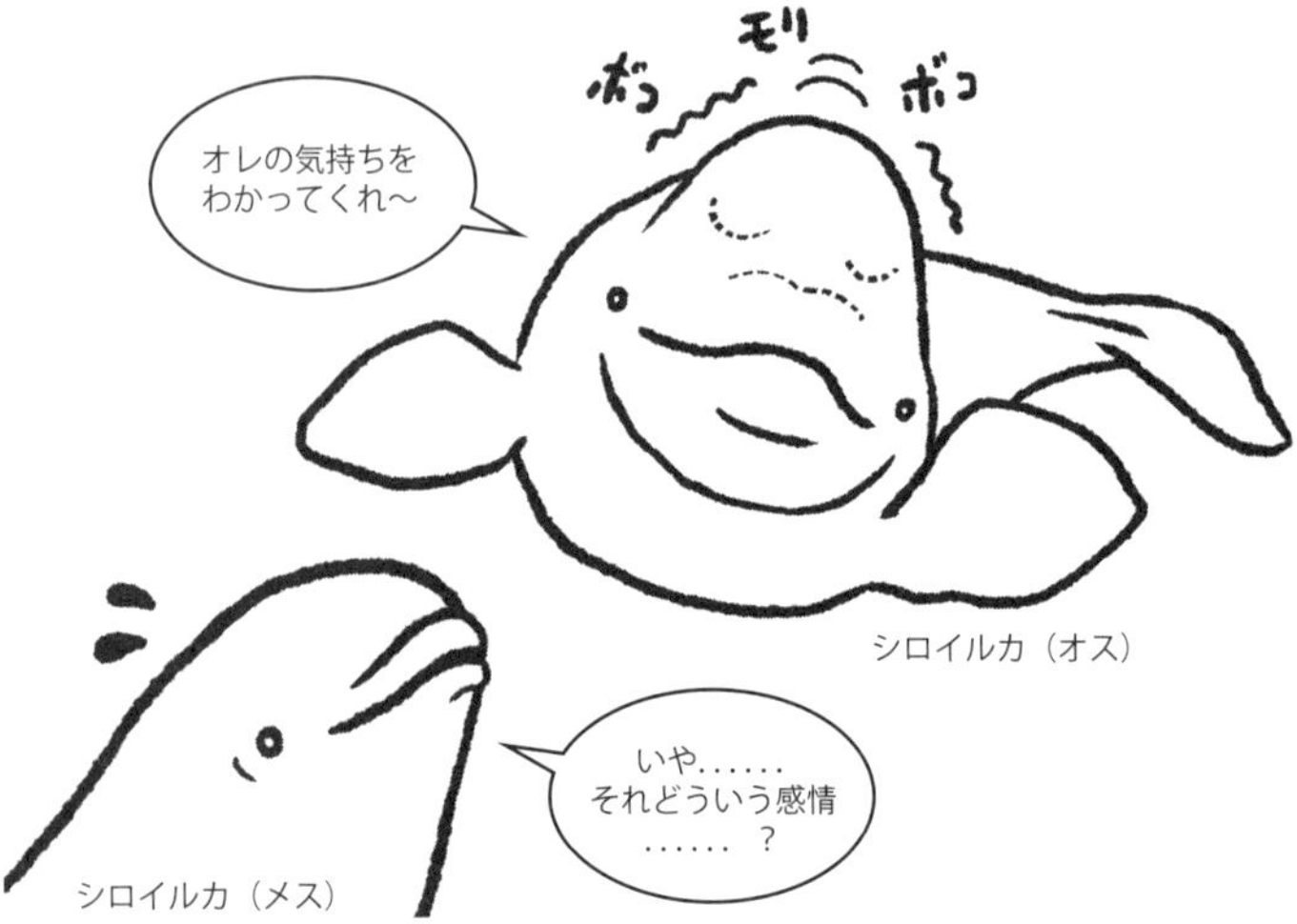
ボコ
モリ
ボコ
オレの気持ちを
わかってくれ〜
シロイルカ（オス）
いや……
それどういう感情
……？
シロイルカ（メス）

①側面からシロイルカたちの行動や顔の状態が見える野外の大きな水槽内に4匹の個体が飼育され、行動や表情が音声とともにビデオで記録された。

②シロイルカは、咀嚼筋が変化したメロンを、(a)平らにしたり、(b)押しつぶされたような形にしたり、(c)隆起させたり、(d)前方の部分を突き出したり、(e)波打つように動かしたりして、表情を変える。

このようなメロン部の変形は、これまでのところ、メロンが発達したシロイルカのみで知られている。

メロン部の変形は、シロイルカが仲間と一緒にいて相互作用をしているときに高い頻度で見られ、そうでないときにはあまり見られない。(a)、(b)、(c)、(d)、(e)のどの表情が頻繁に発現するかは、相互作用の内容により異なる。たとえばオスからメスへの求愛的な場面ではオスは(e)を頻繁に行うことが多かった。

一連の結果から、著者たちは、さまざまな考察を行いました。オスの「(e)メロンの波打つような動かし」は親愛のメッセージとして行われ、メスは、オスの(e)のパターンを見て、相手が配偶個体としてふさわしいかどうかを査定しているのではないか、とか「(d)メロンの突き出し」は、顔を大きく見せ、相手を威嚇するような相互作用で発現するのではないか、など……。

この研究は、イルカにおける、頭部（顔部）の形状を主とした変化が、これまで顧みられることがなかった「表情」として作用している可能性を示したもので、価値のある成果だと思われます。

他種のイルカについても、水中波だけに注目するのではなく、微妙な顔の変化が、細かくも重要なコミュニケーションツールとして働いている可能性を念頭に置いて研究を進めることが必要だと思われます。

そんなこともあり、シロイルカの「表情」によるコミュニケーションが、今後、その研究自体が深まっていくのはもちろん、他種のイルカでの実態研究に波及していけばよいと思うのです。ちなみに、シロイルカは、北極海とその周辺の冷たい海に生息しているクジラですが、日本では、島根県立しまね海洋館アクアスで飼育されており、見ることができます。

嗅覚でコミュニケーション!?

さて、我田引水のようになってしまいますが、水中波ではなく、空中波（周波数が約20 Hz～20 kHzのものは、我々ホモサピエンスは可聴音と呼び、それ以上の周波数の空中波を超音波と呼ぶ）ばかりが研究され、聴覚以外の感覚はほとんど研究されてこなかった哺乳類がいます。

それは小型コウモリです。コウモリは、大きく分けて、大型の、吻（ふん）がキツネのように突き出た、キツネコウモリとかフルーツコウモリとか呼ばれるグループと、体は小さく、洞窟や樹洞をねぐらにし、夜、空中を飛ぶ昆虫を主食にする小型コウモリに分けられます。

小型コウモリの研究は、音波＝空中波で外界の対象物を認知したり、仲間同士のコミュニケーションを行ったりという、我々ホモサピエンスから見ると、異質の行動が注目されていますが、私は彼らが有するもう一つのコミュニケーション手段を忘れていませんか？　といつも思い、実際、その「もう一つのコミュニケーション手段」の研究も行ってきました。

その、もう一つの手段とは、「嗅覚」です。

読者のみなさんは、コウモリにどんなイメージをもっていますか？　コウモリは、哺乳類の中では、齧歯（げっし）類についで種数が多く、大繁栄した種です。彼らの評判が悪いのは①イエコウモリが家屋の天井裏をねぐらにしてそこで糞尿をする、

②人の血を吸うという伝説がある、③病原体を体内にたくさんもっていると思われている、といった理由からですが、約コウモリ１０００種の中で、①は１、２種、②も１、２種、③については コロナ禍以後、今まで以上に声高に叫ばれるようになりましたが、コウモリより危険な病原体をよりたくさんもっている哺乳類は他にもっといますし、コウモリのもつ病原体はホモサピエンスには容易に感染しません。

さて話を戻しますが、小型コウモリは哺乳類でありながら、その飛行の巧みさは鳥類を遥かにしのぐ驚異の動物です。とはいえ、もちろん体は、哺乳類に特有なモフモフの体毛に覆われており、そして、正面からじっくり見つめ合うと、彼らが、まぎれもない哺乳類であることがわかる特徴があります。それは、ホモサピエンスと同じく、彼らの顔の中央部にある「鼻（の穴）」です。そしてまた、そのことが彼らも哺乳類の大部分で発達している「嗅覚」を活発に利用しているだろうと予想できるのです。

私の実験の結果、ユビナガコウモリやモモジロコウモリは、自分の子どもの匂いを選び出すことができるし、自分のコロニーの仲間の匂いを他の洞窟のコロニーの個体の匂いから区別することができます。また、洞窟の天井まで登ってコウモリを捕獲できるテンの匂いも判別できることがわかりました。

まさかの種を超えた交流

チンパンジーは、アフリカの赤道直下の中央部、大西洋に沿った西側に生息しています。一方、ゴリラは、チンパンジーの生息地とかなり重なった赤道下のアフリカ西部に生息しています。生息地の標高も重なっており、両者とも個体数が減少しているとはいえ、群れ同士が出会う機会は十分あるのです。実際に、頻繁に出会っていることが報告されています。そんなとき、両類人猿の間ではどんな状況が起こっているのでしょうか。

正直私は、自然状況下において、チンパンジーとゴリラが出会っているといったことを、今まで想像したことはありませんでした。ただ、ゴリラはチンパンジーより大きいだろうから、一頭同士の戦いになったらゴリラのほうが強いだろうなー程度のことは思ったことがあります。しかしそれも一度、数十年前に愛知の日本モンキーセンターで、オスの成体のチンパンジーが金網にしがみついて私を威嚇したとき、「これがチンパンジーか、一瞬、ゴリラかと思った。私と素手で戦ったら絶対私が負けるわなー」と感じ、ゴリラのほうがチンパンジーより強いとは簡単には言えないなーとも思ったことがあります。

それまでにもテレビではもちろん、動物園でチンパンジーは見たことがありましたが、日本モンキーセンターのチンパンジーは、なんといっても腕や脚が筋肉の太い束のようなのです。

さて、今回アメリカのセントルイス・ワシントン大学の研究チームによる長期間にわたる調査で明らかになった事実[①]は、私にはちょっと驚くような内容でした。

チンパンジーとゴリラは、餌の場所についての情報交換をしたり、両種の子ども同士が遊んだりして、互いに密接な関係を築いて生きていることが多いというのです。

① WUSTL – Study reports first evidence of social relationships between chimpanzees, gorillas(2022)

たとえば、ある樹木の上部で、一方の種が採食していると、たぶん、その行動を見て、もう一種の個体が、そこに餌になる植物が存在することを知るのでしょう。もう一種の個体もその樹木に登って、互いに寄り集まるようにして採食するとか……。特に、子どもの個体によく見られるそうなのですが、自分の群れの中から、一個体で離れて出ていって、他種の群れの中の特定の個体の近くへ行き、遊びに誘うこともあるのだといいます。

こういった密接なつながりは、餌資源や外敵などについての知識を他種の群れの行動を見て自分たちの群れに取り入れるといった、いわば相互の文化交流のようなことも生み出している可能性があると研究チームは考えています。チンパンジーとゴリラの間にこんな社会的接触があろうとは、これにはちょっと驚きました。

もちろん、両種の関係が常に友好的なものばかりだというわけではありません。たとえば、ドイツのマックスプランク進化人類研究所のララ・M・サウザン氏は、２０１９年に、アフリカ・ガボン西部のロアンゴ国立公園で、５頭のゴリラのグループを、チンパンジーが群れで攻撃し始め、2度の攻撃によって2頭の子どものゴリラが殺されるという悲惨な出来事を目撃しています。これは数年の調査の中では初めての出来事だったといいます。サウザン氏は、近年の気候変動により、森の食物が少なくなり、両種の間で、食物をめぐる戦いが起こりやすくなっている可能性があると述べています。

さて、報告された一連の事実を読みながら、私の頭の中には、ふと、我々ホモサピエンスと、我々と同属（ホモ属）の他種、たとえばホモネアンデルターレンシスやホモハビリスなどが、もし現在も生き残っていたら……という考えが浮かぶのです。

まだまだ研究は進んでいませんが、これまでの多くの化石の調査から地球には10種以上のホモ属が出現したことが明らかになっており、その中で、「一つの微妙な現象」を除いては、我々ホモサピエンスだけが生き残りました。

最も遅くまで生き残っていた種は、ホモネアンデルターレンシス、いわゆるネアンデルタール人で、約4万年前まで生存していたという説が有力です。ホモサピエンスが祖先種から分岐して新種として出現したのが約20万年前なので、説が正しいとすると、約16万年の間、我々ホモサピエンスとネアンデルタールレンシスとは、同時に地球上に存在していたということになります。

「一つの微妙な現象」というのは次のようなものです。ネアンデルタールレンシスの化石から得られた彼らに特有のDNAの断片が、我々ホモサピエンスの全遺伝子の中に組み込まれていることが明らかになり、この現象をめぐってさまざまな議論がなされました。ほぼ一致を見ていることは、「ホモサピエンスとネアンデルタールレンシスとの間で交雑が行われた」ということです。ネアンデルタールレンシスからホモサピエンスが進化したのではなく、ホモ属の、ある種から分岐が起こり、一つの枝ではネアンデルタールレンシスが、別の枝ではホモサピエンスが出現したということです。そして両種の間で交雑が起こったということです。

もしそうなら、ネアンデルタールレンシスの遺伝子の一部が、現代においても「活動」していると言ってもよいかもしれません。だから「一つの微妙な現象を除いて」と書いたのです。

もし、ネアンデルタールレンシスやホモハビリスが絶滅することなく生き続けていたら、我々ホモサピエンスは彼らに対してどのような行動をとっていたのでしょうか。また、彼らは我々に対してどのような行動をとっていたのでしょうか。それは今、我々が目にしている、チンパンジーとゴリラのような関係だったのでしょうか。

ネアンデルタールレンシスが約4万年前に絶滅した理由については、さまざまな説が提示されています。

「精巧な石器を作ったホモサピエンスと食物やすみかをめぐって競争が起こったためではないか」とか「ネアンデルタールレンシスが約4万年前に絶滅したころ、中央ヨーロッパで1000年にわたる厳しい寒冷化が続いたことが知られており、それに耐えることができなかったためではないか」などなど……。

しかし、いずれにせよ、ホモサピエンスとネアンデルタールレンシスが自然の中で同時に存在する光景を見たホモサピエンスは、現代人はもちろん少なくとも約4万年前以降、存在しません。もちろん写真もありません。

チンパンジーとゴリラが、それぞれの存在を意識して近くにいる現場を見ることはできるとだけ、報告は教えてくれています。その場面に、ホモサピエンスとネアンデルターレンシスの姿を重ねて想像するのは私だけでしょうか。

身の回りの物を使う動物の謎

薬草で怪我を治すオランウータン

「オランウータンが薬草で自分の傷を治療する」と聞いたら驚くでしょうか？

実は、他種の生物の体の一部を自分の体に塗り付けて、自分の利益に結びつけることが知られている動物は、これまでにいろいろ知られています。

ネコがマタタビの葉に背中を擦り付ける行動は、昔から知られていましたが、岩手大学の宮崎氏たちの研究チームは、最近の研究で、マタタビの葉にはネペタラクトールという「蚊を寄せ付けない効果」をもつ化学物質が含まれており、ネコは、それを背中の体毛に塗り付け、蚊を寄せ付けないようにしていたことを明らかにしました。蚊は口や血液内に、病原性を有する細菌やウイルスなどを含んでいるため、刺されると大きなダメージを受けることがあるためです。

ちなみに、ヒョウやトラなどの、他のネコ科動物も、マタタビに体をこすり付ける同様の反応を行ういっぽう、イヌ科の動物は反応しないことがわかっています。岩手大大学院生の土野山さんは、ネコ科動物は、茂みの中など蚊に刺されやすい場所にしゃがみ込んで獲物を狙う狩りを行うことが多く、このような行動が生存・繁殖に特に有利に働いたのではないかと述べています。

ネコとマタタビの研究の場合ほど、明確な結果に裏打ちはされていませんが、南米に生息するフサオマキザルや、マダガスカル島に生息するアカビタイキツネザルは、それぞれの地域に生息するヤスデを齧（かじ）って、齧り口を自分の体毛、特に尾や生殖器の周辺の体毛に頻繁に塗り付ける行動を示します。ヤスデは、殺虫効果や抗菌効果をもつ物質を体内で生産し、体外に分泌することが知られていますが、ドイツ霊長類研究センターのペッカー氏は、これらのサルたちの行動は、寄生虫を寄せ付けないための行動ではないかと考えています。

私は、シベリアシマリスがヘビの皮膚や脱皮殻、肛門分泌腺からの液、肛門分泌腺からの分泌液が染み込んでいる糞尿を自身の体毛に塗り付けることを発見し、塗り付けられたものから発される匂いが、シベリアシマリスにとっての強力な捕食者であるヘビからの攻撃を抑制する効果があることを実験によって示しました。この行動はＳＳＡと名付けられましたが、その後、カリフォルニアジリスでも同様の発見がなされました。

さらに冒頭で述べた「薬草を使って傷の治療を行うオランウータン」に匹敵するほど、「他種の生物の体の一部（の成分）を自分の体に塗り付けて」、自分の傷の治療に使うことが推察されている動物としてチンパンジーも知られています。

ドイツのオスナブリュック大学の研究チームの中の一人、マスカーロ氏は、２０１９年、アフリカ中部のガボンに生息するチンパンジーたちを調査しているとき、メスのチンパンジーが捕まえた昆虫を息子の傷口に塗り付けている場面に遭遇し映像に収めました。マスカーロ氏によれば、昆虫を齧ったりつぶしたりして昆虫の体液を、他の個体や自分の体の傷口に塗る行動が19頭のチンパンジーで確認できたといいます。

ただし、これらの「処置」をチンパンジーたちが「治療」だと意識して行っているのか、どれほどの効果があると感じているかについてはわかっていません。

さて、お待たせしました。オランウータンの傷口の自己治療の話です。

この現象については、植物を使って傷が治っていく過程も写真で記録されていますのでこの考察には説得力があります。野生の中で、同一個体を長期間にわたって追跡するのは大変なことだったと思います。

場所は、インドネシアのグヌン・ルーセル国立公園の熱帯林です。

２０２４年、国際学術雑誌 Scientific Reports に掲載された論文①には、ドイツのマックスプランク動物行動研究所のローマー氏らのチームが、ラクスと名付けたオスのオランウータンが、多くの樹木性植物の中からツヅラフジ科の植物 *Fibraurea tinctoria* を選んで、その葉を数分間噛み、出てきた汁を自分の顔のかなり大きな傷口に繰り返し塗ったことが報告されました。

ラクスの顔の傷は、行動圏の中で出会った他のオスとの戦いで負った可能性が

① Laumer I. B. et al (2024) Active self-treatment of a facial wound with a biologically active plant by a male Sumatran orangutan. Scientific Reports volume 14, Article number: 8932

オランウータンが薬草を使うのは
祖先種ですでに行われていたためか、
オランウータンが独自に学習したのか？
オレが自分で学習したんだよ
ペタペタ

高いと思われましたが、*Fibraurea tinctoria* の葉の汁を塗ってから2日ほどで、傷は表面にかさぶたができたように明らかに目立たなくなり、数週間後には完全に傷口が元通りになった様子が確認できたといいます。

Fibraurea tinctoria の葉は、抗炎症作用、鎮痛効果、解熱効果等を有し、東南アジアの人々の間では、昔から傷や赤痢、マラリア、糖尿病の伝統的な治療に使われてきたといいます。

ところで、ラクスはどのようなプロセスで *Fibraurea tinctoria* の葉を、傷の治療に使うようになったのかでしょうか。論文ではラスクの一連のふるまいから薬草を使った治療的行為が、ホモサピエンスとその兄弟種であるチンパンジーやオランウータンなどの類人猿の共通の祖先ですでに行われていたためではないかと推察されていました。

しかし、私の意見としては、ホモサピエンスと類人猿の共通の祖先が薬草的治療を行うようになり、それが、ホモサピエンスやオランウータンまで受け継がれたというストーリーを必ずしも考える必要はないのではないかと思っています。

なぜなら多くの動物が、学習によって、自分の生存・繁殖に有利になるような行動、あるいは痛みが低下したり、快感が増したりするような行動を行うようになることはよくあることなのです。たとえば、ヨーロッパシジュウカラが、ホモサピエンスの家の玄関先に届けられた牛乳瓶の蓋を壊して、一番上のクリームを飲むことを学習したことは有名な話です。これは1921年にイギリスで発見され、その後、急速に周辺に広がっていきました。また、この行動はヨーロッパシジュウカラ以外の鳥も学習していったといいます。他の鳥は、ヨーロッパシジュウカラが行うのを見て学習していったのでしょう。

オランウータンの場合もホモサピエンスの場合も、必ずしも祖先種がやっていたから、それを受け継いだと考えなくても、それぞれ独立して学習し、周囲に広がっていった可能性も十分あるでしょう。

ちなみに、オランウータンは、オスが思春期の前後に自出生地を離れ、別の地域に新しい行動圏を確立することが知られています。いっぽう、グヌン・ルーセル国立公園内の他のオランウータンたちは、現在のところ一頭も、ラクスのように *Fibraurea tinctoria* の葉を傷口に塗る行動を行いません。これらのことを考慮して論文では、ラクスは *Fibraurea tinctoria* の葉を傷口に塗る個体がいる地域で生まれ、それらの個体から行動を学び、その後、グヌン・ルーセル国立公園に移動してきたのではないかと推察しています。

ラッコの貝殻割りの秘密

ラッコは北太平洋の日本・千島列島から北アメリカ西岸部に生息する食肉目イタチ科に属する哺乳類です。「ラッコと道具」といえば、仰向けに海に浮いて腹に石を置き、その石に両手で抱えた貝を打ち付けている姿を思い浮かべる人も多いのではないでしょうか。実は私もそうでした。しかし、アメリカ・カリフォルニア大学サンタクルーズ校の研究チームの調査[①]によれば、近年の漁業活動や海洋開発などで餌が少なくなり、これまではあまり食べることがなかったハマグリやムール貝、巻き貝、カニ類なども食

① Tool use increases mechanical foraging success and tooth health in southern sea otters (Enhydra lutris nereis)

べなければならなくなり、それに伴って、道具の種類や使用の頻度が増え、利用の仕方も多様になっているといいます。

ハマグリやムール貝、巻き貝などは、以前はラッコがよく食べていたウニやアワビなどより殻がずっと硬く、道具を使わず歯でこじ開けようとすると体に傷を負う危険性が大きいことも、ラッコが道具を使う必要が増えた理由ではないかと考えられています。

研究チームが明らかにした主な現象は以下のようなものです。

①使用した道具としては、石が最も多く見られたが、他に貝殻や海洋ゴミ、時にはボートの側壁を使うこともあった。

②道具を使用するラッコは、使用しないラッコに比べ、ハマグリやカニなどの硬い殻をもつ動物を含め、摂取する餌の多様性が高かった。

③意外にも道具を使用する個体の大半はメスであった。その結果ということだろうが、メスはオスに比べ、硬い殻をもつ餌を食べる割合が35％も高かった。

これらの結果について、研究主任のクリス・ロー氏は、「メスのラッコはオスより頭が小さく噛む力が弱い」ことが、その主な理由ではないかと考えています。噛む力が弱いメスは、道具をより頻繁に使用したほうが、歯を守りながら食べ物を食べることができ、生存・繁殖上、有利なのではないか、というのです。その証拠に、最も頻繁に道具を使用したメスは、道具の使用が少ないラッコたちに比べ歯の損傷が少ないことが判明しています。

また、メスが道具をより頻繁に使用する理由として、「メスのラッコは、出産や子育てをするために多くのエネルギーを必要とする」ことも考えられています。メスは、道具を積極的に使用して多様な栄養源を利用するし、効果的にエネルギーを補給することが、オスに比べて、より重要な課題になるのではないかというわけです。

さて、私は、ヒト以外の動物の行動についての新しい発見を聞くとき、ヒトの場合との関連がないかと思いながら聞くことが多いです。それによって、対象になっている動物やヒトの行動についての理解が深まる場合が多いのです。

ここでは、「道具を使って貝殻を割るラッコは、実はほとんどがメスだった」という現象について、ヒトの場合との関連を思索しながら考えてみたいと思います。

道具の使用に関連して、我々ホモサピエンスにおける性差として私の頭に浮かぶのは以下の二つの説です。

一番目の説は、「程度については研究者の間で見解の相違があるが、女性と男性の脳にはわずかではありますが違いがあり、それが男女の認知や心理、行動の傾向に差を生んでいるのではないか」という説です。この説は、そもそも、心理学者が実験を通して示してきた事実でもあります。たとえば「男女を平均すると女性のほうが男性より色の違いについて、より細かく識別できる」とか「物の配置については女性のほうが男性より、細かく、長く記憶しておくことができる」、また「女性のほうが男性より言語能力に優れており、たとえば英語圏ではpから始まる単語を、制限時間内にできるだけ多く答えるという課題に対して、女性のほうが成績が良い」、「男性のほうが女性より歩行感覚に優れ、目的地がある場所のほう角を正しく推察しやすい」、「男性のほうが女性より、前方の対象に、物を投げたり射たりして当てる能力に勝っている」等々です。

これらの心理学の研究結果は、約20万年前に、進化的に誕生したホモサピエンスが、その歴史の9割以上を過ごしてきた、自然の中での狩猟採集生活で、生存・繁殖に有利に作用した能力の性差の予想と合致するものです。

つまり、こういうことです。これまでの長い歴史をもつ人類学の研究では、狩猟採集生活の中では、基本的には、男性は居住地を離れ、狩りの対象の動物を追跡して仕留める狩猟を受け持ち、女性は居住地の中か周辺で、子どもを抱えながら主に食物の実や根や葉などを採集する作業を受け持っていたことが報告されています。もしそうなら、男性は、狩りの対象動物を足跡とか歯の齧り跡などを手がかりに追跡して、槍を投げたり矢を射たりして仕留め（的当て能力が重要）、その場からかなり離れた居住地まで帰るとき、肉の腐敗ができるだけ少なくて済むように、早く居住地にたどり着くための方向感覚が発達していたほうが有利だったのでしょう。

女性は木の実の熟し具合や、乳児の体調に関わる顔色の細かい変化を識別できるほうが狩猟採集（育児）生活に有利だったのでしょう。

以上のような、心理学の実験結果とホモサピエンスという種の本来の生活環境での生存・繁殖の有利さとの合致は、例外もあるといった批判に耐えうる重さがあるのではないでしょうか。

脳の性差に関するもう一つの説は、脳に性差はなく、男女を平均すると、たとえば幼児期に女の子が人形に、男の子が車に、より興味をもちやすいのは、親をはじめとした周囲の個体の無意識の対応の違いの結果である、というものです。この説を延長すると女性は男性に、男性は女性に恋心を抱きやすいという現象も学習の結果だということになります。

最新の考古学研究では、南米で発見された約9000年前の女性の遺骨が狩猟道具とともに出土し、女性が狩猟に参加した可能性が示唆されました。他にも同様の事実が見つかり、「男性＝狩猟、女性＝採集・育児」という役割分担説に疑問を投げかける研究者もいます。

しかし、たとえば授乳という行為を可能にする器官構造の女性の特性は、生物学的な性差の存在を示しており、心臓や乳房等と同じ器官・臓器である脳にも性差があって女性は採集・子育てにより適応した脳の構造を有していると考えることは科学的に不合理だとは思われないはずです。ちなみに、生物学的性差だから変えることはできない、というわけではありません。特に脳という臓器には柔軟性があります。ただし、遺伝的・生物学的な差異があるのなら科学的事実として知っておいたほうがよいのは当然だと思います。

ちなみに、断っておきますが、先の2説、特に1番目の説については、近年、叫ばれているジェンダー平等の考え方と対立するものではありません。ジェンダー差別は、肉体的に勝る男性が男性に有利になるような規則やしきたりをつくり、それが長い歴史をもつ文化の中に入れ込まれて日常の無意識の行動に影響を与えているような場合です。それは、意識のレベルにもち上げて修正していくべきだと考えられます。

少し横道にそれすぎたかもしれません。ラッコの話に戻りましょう。

まずは、ヒト以外の動物でも、役割に応じて異なった体の構造や特異な「行動能力」を有するように進化している例は、両生・爬虫類、鳥類、哺乳類等でたくさん知られていいます。クジャクのオスはメスの前で羽を広げて誇示し、メスはオスの羽の模様――たとえば左右の対称度や目玉模様の数などを認知します。

私が「道具を使って貝殻を割るラッコのほとんどがメスだった」という研究に興味をもつのは次のような点です。

道具を使って貝殻を割るラッコのほとんどがメスだったという事実は、遺伝的・生物学的に、ラッコのメスがオスに比べ、道具を使用する欲求が強く、道具の有効な使い方を思いついたり、試行錯誤で有効な使い方を学習したりする能力が高いためなのか、それとも欲求には性差がなく、メスは頭部が小さく噛む力が弱いので、否応なく道具を使う必要性が高かったため学習したのかという点です。

おそらく、今回の調査結果だけからはその点について答えることはできないでしょう。あるいは両方の可能性が同程度にあるかもしれません。

たとえば、遺伝的・生物学的な差があると考えるのは、「近年の漁業活動や海洋開発などで餌が少なくなり、これまではあまり食べることがなかったハマグリやムール貝、巻き貝、カニ類なども食べなければならなくなり、それに伴って、道具の種類や使用の頻度が増え、利用の仕方も多様になっている」状況が、噛む力が弱いメスに、道具を使う行為を促進させたとしても、十分に餌があったころでも、メスのほうが噛む力は弱かったわけであり、道具使用に関する欲求や能力が高いメスのほうが生存・繁殖に有利だった可能性があるからです。

ちょっとややこしい問題に引きずり込んだかもしれませんが、読者の皆さんは、どう考えられるでしょうか。

リーダーとなるオス、それを求めるメス

リーダーの秘密は寄生虫？

読者の方は、最近ちょっと話題になった「我々ホモサピエンスの行動を決めているのは無意識だ、つまりホモサピエンスに自由意思はない」という、脳科学の研究成果を踏まえた主張を聞かれたことはあるでしょうか。

これは偉大な心理学者であり精神科医であった（ただし氏の説は科学的ではないし、なにより古い）ジークムント・フロイト（１８５６－１９３９）が主張した「無意識の支配」のような哲学とは異なります。

たとえばですが、あなたは自らの行動として選ぶもの、つまり食事中に何を食べようか、とか、車の運転中に前方の車が遅いから車線変更をしようかどうか、などについては、自分で決めていると思っておられるかもしれません。しかし、実験によると、脳内神経系内ではあなたがその行動を行おうと決める前にすでにその行動を行う神経興奮の流れが発生して、その後で「これを食べよう」と

か「車線変更をしよう」という決定を意識に上らせているということが明らかにされたのです。

つまり、あなたは自分で決めているのではなく、無意識の状態で決まる脳の選択を後で教えてもらっているというわけです。

これはドイツのマックス・プランク研究所のジョン・ヘイズ氏の、fMRI（機能的磁気共鳴画像法）と呼ばれる装置を、被験者の頭部に装着して行う実験の成果です。

ざっくり言えば「我々ホモサピエンスの行動を決めているのは無意識だ」という表現に、これまで以上の実験的根拠を与えた研究ではありましたが、「自由意思」という言葉が意味することも含め、今後研究は進んでいくでしょう。私は、この手の議論には定義が欠けているということが決定的な問題だと思っていますが……。

さて、見出しの寄生虫とは、トキソプラズマという寄生虫のことでネコ科動物を本来の最終宿主とする原虫です。原虫というのはアメーバやゾウリムシなどを含む単細胞の微生物の一分類群でマラリア原虫などが有名ですが、トキソプラズマは自分自身が増えるため、ネズミやヒト、オオカミ、ブタ、ニワトリ等2000種以上の恒温動物に感染し、動物間を移動し最終的にネコ科動物に戻ってきます。中には、移動途中の中間宿主の体内にずっと居座って、一生を終えるトキソプラズマもたくさんいると考えられています。

トキソプラズマは中間宿主の体内、特に脳内にいるとき神経系の状態にさまざまな影響を与えることが研究の結果わかってきました。脳を操作している、と言ってもよいかもしれません。

よく知られている例は、ネズミ類の脳内に入り込んだときネズミの認知や行動に与える変化です。感染した多くのネズミは、本来ならばその匂いを嗅いだらそこから離れる「ネコの尿」の匂いを逆に好むようになり、離れたところからでも匂いを感じたら引き付けられるようになる個体も出てきます。

本来ネズミは、周囲を警戒しながら、物陰に隠れるようにして移動しますが、

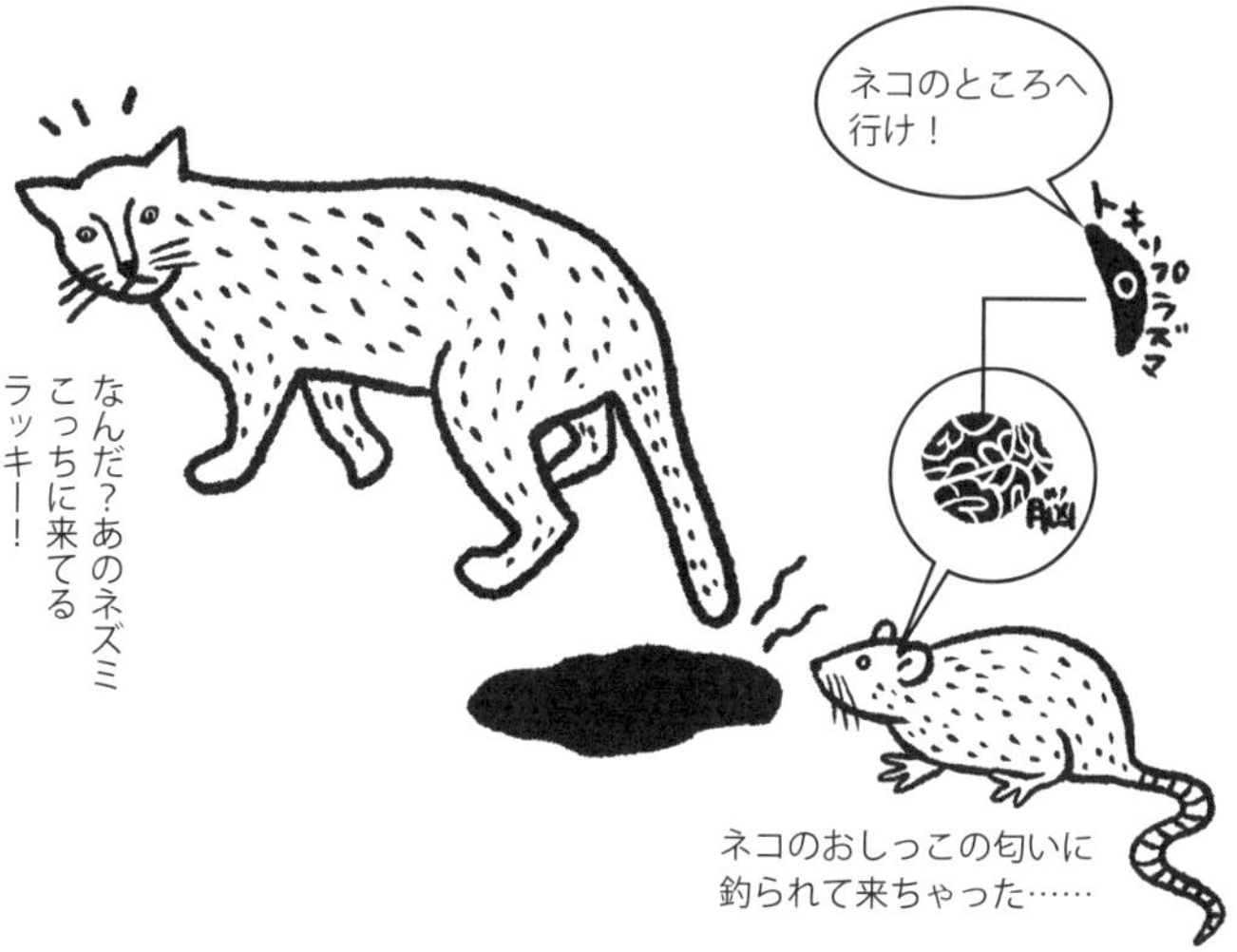
ネコのところへ
行け！
トキソプラズマ
なんだ？あのネズミ
こっちに来てる
ラッキー！
ネコのおしっこの匂いに
釣られて来ちゃった……

トキソプラズマに感染すると大胆になって開けた場所に出てくるようになり、活発に動き回るようになり、そしてネコの尿の匂いがしたら寄っていくのです。もうこうなると、ネズミは、自分の生存・繁殖に有利になるように行動する野生動物ではなくなります。「ネコの餌」と言ってもいいかもしれません。そして、トキソプラズマの影響によってネズミは食べられ、最終宿主であるネコの体へと到達するのです。

　この状態を、「ネズミという動物が操られている」と表現しても異議を唱える読者の方は、多くはないでしょう。

　さて、このトキソプラズマは、実は3人に1人くらいの割合で、我々ホモサピエンスの脳内にも入り込んでいることが明らかになっています。正確にはトキソプラズマが「シスト」と呼ばれる休眠中の蛹（さなぎ）のような状態になっています。

　では脳内にトキソプラズマが居座っているホモサピエンスには、行動や心理の面でどのような変化が起こるのでしょうか。

　詳細は現在研究中ですが、以下のような変化が指摘されています。もちろん必ず現れる変化ではないし、仮に表れてもその変化の程度はさまざまであることは付け加えておきます。トキソプラズマが脳内のどこに存在するかによって影響が出たり出なかったりもします。

①考えがまとまらなくなり、注意が散漫になる
②大胆になり活発にふるまうようになる
③ネコの尿の匂いが好きになる

④顔の左右の対称性が高くなる――顔の左右対称性が高いことは異性に対して魅力的に見えることが知られており、つまり異性から魅力的に見られるようになる。

チェコのカレル大学のヤロスラフ・フレグル氏は、チェコ軍召集兵で交通事故を起こした率を調べました。その結果、トキソプラズマ感染者は非感染者に比べ、事故の確率が2・65倍高いことがわかりました。これは①や②の影響かもしれないと推察されています。

明確なデータがあるわけではありませんが、感染者は起業家になる割合が高いと一般的に言われており、②とのつながりが指摘されています。

さて、このあたりで、見出しの「リーダーの秘密は寄生虫？」の話に移りましょう。

アメリカ・モンタナ大学とイエローストーン資源センターの研究チームは、ワイオミング州にあるイエローストーン国立公園のオオカミ（ハイイロオオカミ）

200頭以上を対象に、1995年から2020年の間、継続して調査①しました。オオカミは、10頭前後の個体がコロニーをつくって暮らしています。その各コロニーの移動空間や行動が記録され、同時に、血液サンプルを採取して、トキソプラズマへの感染の有無も調べられました。その結果わかったことは次のようなことです。

①トキソプラズマに感染した若い個体は、非感染個体に比べ、より早く群れを離れる傾向がある。たとえば、普通のオスは、生後21か月ほどで群れを離れるが、感染したオスの個体は、その半数が6か月で群れを去った。メスの場合、通常48か月くらいで群れを離れたが、感染個体は約30か月で離れた。

②トキソプラズマに感染した若いオスのオオカミは、感染していない若いオスのオオカミに比べ、群れのリーダーになる確率が約46倍以上も高かった。

①の現象は、トキソプラズマ感染により、他の哺乳類、たとえばネズミやホモサピエンスでも見られるような「行動が大胆になる」という傾向がオオカミでも

① Parasitic infection increases risk-taking in a social, intermediate host carnivore

表れたことによる結果である可能性が高いと思われます。

また、②についても感染により「行動が大胆になる」という傾向が関係している可能性が考えられます。不安を感じにくく、強気で、大胆に行動する個体はリーダーになりやすいのかもしれません。

いずれの可能性も、今のところまだ単なる可能性に過ぎません……今後の研究が待たれるところです。


ところで、研究チームは、トキソプラズマのオオカミへの感染の経路に関係するかもしれない、以下のような興味深い事実も見出していました。

公園内には、ピューマが生息する地域がありますが、公園内のオオカミの多くのコロニーの中で、その行動圏がピューマの行動圏と重なる度合いが高いコロニーほどコロニーの全個体数に占めるトキソプラズマに感染している個体の比率が高いというものです。

研究チームは、この事実が生じる理由として、次のような推察をしています。

オオカミとピューマは、北米で同時に進化した肉食類であり、基本的には同じ獲物を捕食対象にしているため、通常は両者は行動範囲が重ならないように積極的に避けていることが知られています。しかし、ピューマの行動圏に入るオオカミのコロニーがあるということは、そのコロニーの中に、トキソプラズマに感染し行動が大胆になっている個体がコロニーをピューマの行動圏に入らせている可能性もあるのです。その個体がリーダーの場合もあるかもしれません。

あるいは、オオカミの行動圏とピューマの行動圏が近ければ、たまたまピューマの行動圏に入る確率も高くなるでしょう。

いずれにしろ、トキソプラズマの自然最終宿主であるピューマの行動圏に入る機会が多かったオオカミは、トキソプラズマが含まれた糞便などに触れる機会等も多く、感染する機会も多かっただろうことは想像に難くありません。

「えっ？　それホント！」と思うようなことも含めて我々ホモサピエンスは自然の動きを知る努力を、好奇心に駆られて、また使命感にも駆られて続けていき、ホモサピエンスと他の生物が共存、共生できる地球を構築、維持していかなければなりません。それしか、ホモサピエンスが地球上で生きていくすべはないので

すから。

ところで、読者の方も思われたかもしれないが、政治家で党首になったり、起業家でＣＥＯになったりするホモサピエンスは、トキソプラズマに感染しているのでしょうか。体内、脳内にトキソプラズマのシストがいるのでしょうか。まだ調べた研究者はいません。

好きじゃない相手には「死んだふり」で交尾を回避

見出しの行動をする動物は、ヨーロッパアカガエルのメスのことです。アカガエルは日本にも生息しており、そのヨーロッパの種ということになります。

ヨーロッパアカガエルの生殖活動は、日本のモリアオガエルの産卵時と同じように、一匹のメスに複数のオスが縋り付き、メスが体外へ出す卵に精子をかけようとします。一匹のメスに6匹以上のオスが抱きつくので、中心のメスとそれを覆うオスたちが一つの球をつくることになり、それが水中で行われると、球は沈み、メスや中心に近いところにいたオスたちは、動きがとれず溺死することもあるといいます。

そんな命がけの交尾をするヨーロッパアカガエルですが、メスは、時に最初のオスに抱きつかれたとき、すぐに死んだときの姿勢のように手足を伸ばし動かなくなることがあるといいます。

この現象は、ドイツのベルリン自然史博物館の研究者キャロリン・デイトリッヒ氏たちによって見出されました。[1]デイトリッヒ氏たちは、この行動の意味について、メスが望まないオスから交尾目的で抱きつかれたとき「死んだふり」をして、交尾を逃れるのだろうと推察しました。実際、実験室内の水槽にメスとオスを入れて間近で観察し、オスにつかまれたメスが「死んだふり」をし、オスがメスから離れ、やがてメスが「死んだふり」から覚めてその場を離れていくことが何度も確認されました。観察によると、メスは「死んだふり」以外にも、「望まないオスによる抱きつき」に対して、それを拒む行動を二つ持っているといいます。一つは「仰向けになる」という方法です。仰向けになってオスだけを水中に沈めるとオスは息が続かなくなりメスを放してしまうのです。

もう一つの行動は、「リリースコール」と呼ばれるものです。ヒキガエルでよく知られており、オスが相手をメスと間違えてそのオスに交尾のために抱きついたとき抱きつかれたオスが「オレはメスじゃない！　オスだ」とばかりにリリースコールという独特の鳴き声を発します。すると抱きついたオスは「ああ、ごめん、ごめん」といった感じで相手を放すのだといいます。これと同じようなこと

① Drop dead! Female mate avoidance in an explosively breeding frog.

が、ヨーロッパアカガエルでも見られ、望まぬオスに抱きつかれたメスが、本来はオスが発するリリースコールを発し放してもらうのです。デイトリッヒ氏たちは、「メスは、自分はオスだという嘘のメッセージを抱きついたオスに伝えているのではないか」と考えています。

ちなみに、「死んだふり」をする動物は昆虫から、カエル以外の両生類（イモリなど）、爬虫類（トカゲ、ヘビなど）、哺乳類（オポッサム、タヌキなど）、いろいろな種で知られています。

ヒトを除いて動物が「死んだふり」をすることを生物用語では「擬死」と呼ぶことがありますが、擬死をする目的については種によって、また場面によって異なると考えられています。たとえば、天敵に襲われたとき死臭＝腐敗臭を出して擬死するオポッサムの目的は捕食を逃れることだと推察されています。それとは逆に、捕食者のほうが擬死によって、餌となる動物に捕食者が死んでいると認知させ、油断して近寄ってきたところを、不意打ちして捕食する例もありキツネで撮影されています。中米のカワスズメ科の淡水魚でも同様の例が知られており、湖の底で擬死の状態に入り獲物が寄ってきたら突然攻撃して捕食するのです。

さて、本章ではそういった擬態をめぐる問題を広く解説するのではなく、死んだふりで望まぬ相手との交尾を回避するメスが得るものに絞ってお話ししようと思います。ただし、お断りしておきたいのですが、私の専門は動物行動学ですので、あくまで動物行動学の視点、つまり「動物の形質や行動・心理は、その動物の中の遺伝子が増えるように構築される」という視点から、私の推論も交えての解説になります。

まず考えてみましょう。なぜ、ヨーロッパアカガエルのメスは、あるオスとは交尾を望み、あるオスとは交尾を望まないのでしょうか。それは有性生殖、オスとメスが存在して行われる生殖をする生物のほとんどで見られる現象です。この現象の背景には次のような事情が横たわっていることをまず理解していただきたいのです。

ほとんどすべての種において、メスが繁殖に投資するコスト（労力、エネルギー）は、オスより大きいのです。たとえば、オスとメスがつくる配偶子を比較すると、メスがつくる配偶子（子どもの素になる要素）は「卵」という、栄養がたっぷり詰め込まれた、大きなコストがかかった配偶子であり、オスの配偶子は、非常に低コストで量産できる「精子」です。またメスは、そんな大きな卵を受精前に体内で守り、重くなった体で移動などさまざまな活動をしなければなりません。哺乳類に至っては、メスは体内で胎盤を通して卵が発生した胎児に栄養を与え、さらに出産後も母乳を与えて育てなければなりません。

こんな事情があるから、メスは自分の卵に入った自分の遺伝子を以後の世代で増やすためには次のようにふるまうのが得策なのです。受精後、自分（メス）の遺伝子とペアになって子どもをつくり上げるオスの遺伝子は、できるだけ子どもの生存力を強くするような遺伝子が望ましいのです。たとえば、餌を取る能力に長けていたり、病原菌に対する免疫力が強かったりなど……。つまり、そういった特性を有したオスを交尾相手に選んだほうがいいということになります。

ではメスは、餌を取る能力に長けていたり、病原菌に対する免疫力が強かったりする遺伝子をもっているオスをどのようにして短期間のうちに見出せばよいのでしょうか。

それは種によって異なっており、「メスによる配偶者となるオスの選択戦略」などと呼ばれる動物行動学における一つのテーマとして盛んに研究されたことがあります。今は少々ブームが去った感がありますが、立派な研究テーマとして続いています。

たとえば、ライオンでは、メスは一般的にたてがみが長く色が濃いオスを配偶個体として選びやすいといいます。ツバメの場合では、オスのみ尾羽が明確なV

字形になっていますが、この尾羽が長く、Vの左右がより対称なオスが好まれます。

こうした傾向に対しての実験なども行われ、たてがみが長く色が濃いオスライオンや、尾羽が長くVの左右がより対称なオスツバメのほうが病原体への抵抗力も高く栄養摂取の度合いも高い、つまり餌を取る能力に長けていることを示す研究結果も得られています。こういった事情がヨーロッパアカガエルにおいても存在し、メスはあるオスとは交尾を望みあるオスとは交尾を望まないのでしょう。

いっぽう、オスのほうでは自分の遺伝子を以降の世代により広く伝えようとすれば、精子は低コストでいくらでも生産できるので、とにかく相手がメスであればメスが産む卵の中に精子に乗せて自分の遺伝子を送り込めばよいということになります。だから、より多くのメスに抱きついて受精に参加しようとするのです。そのため、一匹のメスに6匹以上のオスが抱きつくことになり、メスや、中心部に近いところにいるオスの死さえも起こってしまうのです。しかし、危険を冒してそういった行動を行わせるオスの遺伝子こそがその後の世代の中で増えていき、現在そういった行動をとるヨーロッパアカガエルが存在しているのです。それが自然選択なのです。逆に言えば、危険を冒さない特性のオスの遺伝子が残る可能性はとても小さいとも言えます。

この事情はホモサピエンスでも同じであると言えます。「恋は命がけ」……ホモサピエンスがつくってきた映画や小説、歌の中に、それを感じさせる場面はいくらでもあるではないですか。

Column①

進化の話①　鳥も飲まなきゃやってられない!?

私が生物学関係の授業で、「生命体は進化の仕組みに従って変化していく。世代を経る中で、増えるものが増え、増え方が低調なものは消えていく。だから、現在地球上に存在する生物の体の構造や行動、認知は、その生物の生存・繁殖がうまくいくようになっているはずだ。」という趣旨の話をすると、授業後に提出してもらっている質問・感想票で、毎年、以下のような内容の質問が返されます。

「ではなぜ人は、拒食症や自傷行為などの、生存･繁殖に不利に思える行動をするのですか。」

「なぜ PC のディスプレイの中の異性に恋をするといった行動をするのですか。」などなど……。

私は、そういった質問に対して「良い質問だ」と前置きをして、とりあえず、私の意見を言います。

それは次のような意見です。

拒食症については――現在、拒食症を生じさせている理由として最も可能性が高いと考えられる説明は、脳の「腹側前頭前野」と「後部島皮質」の二つの部位の体積の増加によって引き起こされているというものです。大まかに言うとこれら二つの部位は食欲を抑制したり、吐き気等の感覚を引き起こしたりする働きをもつと言われています。したがって、これらの部位が増大すると、それらの働きも強くなり食欲を感じなくなったり、一旦食べても吐いたりしてしまう……つまり拒食症は、外界からの過度のストレス等による脳の不調状態、正常ではない状態なのです。いわば、脳の病気の状態です。心臓だって、ストレスや病原体によって、病気になることもあります。

しかし、それによって、たとえば、介護が必要なくらいの状況になったとしても、「なぜ脳や心臓が進化の結果出来上がってきたのか」と問うでしょうか。基本的には当然、脳や心臓などは生物の生存・繁殖に有利なものです。

いっぽうで、その生物の生存・繁殖がうまくいくように出来上がった脳も含めた臓器であっても、故障を起こすことは避けられません。他の生物、病原菌や捕食動物なども進化の結果生まれ、生存・繁殖に適しているのですから、ホモサピエンスがそれらから全くダメージを受けないことはありえないことなのです。

とはいえ基本的には、ホモサピエンスの脳や心臓は、明らかに「その生物の生存・繁殖がうまくいくようになる」装置なのです。

PC のディスプレイの中の異性に恋をするといった行動について考えてみましょう。

我々ホモサピエンスの脳は、生存・繁殖のために、基本的な機能として異性に恋をしてしまうようにできています。この特性があったからこそ、ホモサピエンスはその進化的誕生から２０万年くらいの年月を消滅することなく存在してきたのです。

「PC のディスプレイの中の異性に恋をするといった行動」は、２０万年のうちの先端の1%よりももっと短い、極々最近 AI が進歩し PC の中で異性の姿で現れて初めて起こってきた現象なのです。

結論から言えば、脳は本来の機能をしっかり残したまま、生存・繁殖に不利になるように、ある意味で誤作動していると言えます。

それはたとえば、ゴキブリが、ホモサピエンスが仕掛けた毒が入った餌を食べて死んだり、ヤギが鏡に映った自分に頭突きで突撃して割れた鏡のガラスで頭部に深く傷を負ったりするのと同じことです。ゴキブリは餌を食べようとしただけですし、ヤギは自分の行動圏に侵入した見知らぬ個体を攻撃しようとしただけです。これは本来は、どちらも生存・繁殖に有利な行動のはずです。

ホモサピエンスよりもずっと長く地球上に生存しているゴキブリは、いずれ「ホモサピエンスが仕掛けた毒が入った餌」を認知して食べなくなるでしょうが、そのように遺伝的に変化するには、かなりの時間が必要なのです。同様に「PCのディスプレイの中の異性に恋をする心理・認知」がホモサピエンス全体に遺伝的で変化するには、かなりの時間が必要なのです。

つまり「生命体は進化の仕組みに従って変化していく。世代を経る中で、増えるものが増え、増え方が低調なものは消えていく。だから、現在地球上に存在する生物の体の構造や行動、認知は、その生物の生存・繁殖がうまくいくようになっているはずだ。」という原理は、基本的に間違ってはいないのです。

さてこのコラムの見出しは、「鳥も飲まなきゃやってられない!?」です。それなのに、なんでこんなお話をしなければならないのか、疑問に思われた読者もおられたでしょう。それは、次のような理由からです。

読者の方もご存じのように、アルコールを摂取することは、それが「適量」であれば健康に良いのですが適量を超すと害になると言われ、その「適量」は、1日あたり60g程度と長年言われてきました。ところが、アルコールの害を詳しく調べる最近の研究によると、「適量」は 男性1日あたり10～19gで、女性1日9gあたりまでが最も死亡率が低く、アルコール量が増加するに従って死亡率が上昇することが示されています。

では、なぜ、ホモサピエンスの大部分が、アルコールを「適量」より多く飲みたがるのでしょうか。最も直近的な理由から言うと、それは、アルコールを飲むと「快」を感じ、脳からドーパミンと呼ばれる快楽物質が放出され、その「快」を求めてどんどんアルコールを飲むということでしょう。それは、ホモサピエンスが糖尿病等の疾患の原因になる甘いものをどん欲に飲食するのと似ています。その場合も「快」を感じているからなのです。

アルコールにしても甘い糖にしても、基本的にはホモサピエンスの進化的誕生以降の本来の生活環境、つまり「自然の中での狩猟採集生活」の中では、生存・繁殖に有利に作用したと考えられています。

糖は、ホモサピエンスの主要なエネルギー源として、また細胞の構成要素としてとても重要な働きをします。ミツバチの蜜とか熟した果実とか、自然界にはわずかではありますが濃密な糖があり、それらを見つけたら「食べきってしまうくらいの強い欲求」をもつことは、健康に生き抜くうえで有利だったはずなのです。ところが、科学技術の発展とともに人工的に糖分の高いものがふんだんに手に入るようになり、「食べきってしまうくらいの強い欲求」が、遺伝子レベルで変わることなく、健康に害を及ぼすくらいの過度の糖分摂取を引き起こすようになってしまったのです。科学技術が生活環境を想定外の環境に変化させてしまったということです。

アルコールの「生存・繁殖にとっての有利さ」としては次のような推察が可能です。

①アルコールは、酵母菌の、主に糖の分解によって生じるが、果実は、ホモサピエンスが食べられる状態まで熟すと、酵母菌が作用してアルコールも生産される。したがって、アルコールの香りを好むホモサピエンスは、食べ物である果実の存在を知りやすくなる。

②アルコールは病原微生物を死滅させる働きがあり、アルコールを飲むことによって口内も含めた消化管が消毒できる。また、病原体が死滅した、熟した果実を食べることができるようになる。

③アルコールが脳に達することによって、脳の活動が低下し、いわゆる「ほろ酔い」の状態になる。ほろ酔いの状態は、大脳新皮質の活動が鈍くなり、いわゆる本能や感情をつかさどる大脳辺縁系の働きが活発化する。それが、ストレスが解消されたような「快」の気分——陽気な気分を生み出す。霊長類の脳の解剖学的な特性の研究や進化心理学等の研究成果から、ホモサピエンスの群れの本来のサイズは150個体程度と考えられているが、ホモサピエンスの生存・繁殖にとって、群れ（部族）の中での他個体との友好関係は重要な条件である。「ほろ酔い」の状態で、互いに陽気に接する体験は、その友好関係をより強くする場合が多かっただろう。

このように、アルコールを好むことが生存・繁殖に有利に作用したとしても、現代のように人工的にアルコールをいくらでも作ることができるような時代になったとしたら状況は異なってくるでしょう。適量以下ならば害はないとしても、アルコールが脳に発生させる「快」が、「糖分の甘さへの欲求」の場合と同じように、アルコールの過剰摂取を引き起こすと、体は、そんな状況に適応していないため、生存・繁殖に不利な健康被害をもたらすことは想像に難くありません。

さて、ようやく「鳥も飲まなきゃやってられない!?」の理由を説明します。

本来、鳥でも、ホモサピエンスの場合と同じく、アルコールを飲むことによって口内も含めた消化管が消毒でき、また、病原体が死滅した、熟した果実を食べることができるようになったのではないでしょうか。

ところが、たとえばホモサピエンスが果実を栽培するようになった地域では、鳥たちは過度にアルコールを摂取するようになった可能性もあるのです。あるいは、そもそも、アルコールが鳥の脳内で発生させる「快」によって飲むことが推進されたのかもしれません。

以上のように、環境に適応するように生物の進化は起こるのですが、環境の変化に遺伝子の変化を必要とする進化がついていけなかったり、適応した形質が避けることのできない偶然の出来事や病原体の侵入等を受けたり、さらには本来は適応している「快」の誤作動、見てきたように糖分やアルコールの過剰摂取やＡＩ異性への反応などによって、生存・繁殖に不利な行動が起こることもあるのです。

ただし、だからといって、「生命体は進化の仕組みに従って変化していく。世代を経る中で、増えるものが増え、増え方が低調なものは消えていく。だから、現在地球上に存在する生物の体の構造や行動、認知は、その生物の生存・繁殖がうまくいくようになっているはずだ。」という仮説が揺らぐことはないのです。

2章

環境に適応する驚きの身体機能

独自の力を備えた部位

時期によって見えるものが変わる驚異の「目」

「トナカイは暗い冬になると好物を見つけるために紫外線も見えるようになる」――このような現象を聞くと、今さらではありますが、私には、はじめて動物行動学という学問に出会ったころに感じた、懐かしくて忘れられない思いがよみがえってきます。

一つは「動物が日々、感じている世界は種によって違うのだな」という思い。もう一つは、「厳しい環境に生きる動物は、その環境に対応した特性が進化しているのだな」という思い、です。

「その種に特有の認識世界」について、私が講義などで話をするときは、私自身が研究対象にしてきた「コウモリ」という種のことをよく例にあげます。1章でも述べましたが、コウモリは大きく分けると小型の、超音波を利用する種類と、大型でキツネのような顔をした、超音波は使わない種類に分かれます。ここで言うコウモリは前者の小型のコウモリのことです。我々ホモサピエンスは、外界の事物事象を認識するとき、対象から反射してくる「光」を目の中の網膜で受け、視神経で脳に送り、色や形、奥行き、動き方などを感じ取っています。

いっぽう、ほとんどの小型コウモリは、外界認知のために、光ではなく超音波を利用しています。超音波を外界に発し、反射してきたものを聴覚器官で受け、聴神経で脳に送り、そこでおそらく、形や奥行き、動きなどを感じ取っているのでしょう。ちなみにホモサピエンスが音として感じられるものは、周波数、つまり1秒間に繰り返されるこの波の数が、約20から2万の空気の振動で、それよりも周波数が多い空気の振動は、音として感じ取ることはできません。それを超音波と呼んでいるのです。ちなみに周波数が多いということは振動の波の波長は短いことになります。

ここで「おそらく……でしょう」と書いたのは、一つには、詳細な研究はまだ行われていないということもあるのですが、もっと本質的な問題として、我々ホモサピエンスが感じる「形や奥行き、動きなど」について同様な感じ方をしているかどうかがわからないからなのです。その種に特有の認知世界をもつことは理解できても、ホモサピエンス以外の種の認知世界そのものを感じることはできません。

ただし、一つ言えることは、外界の事物事象の一面については、それを正しく反映した認知をしていることは確かだと思われます。そうでないと、小型コウモリたちは、餌を取って命を維持し、遺伝子を次の世代に受け渡すことはできないと思われます。

さて、トナカイの話です。2023年12月付で出版された科学雑誌に、トナカイが、彼らの生息する北極圏周辺（グリーンランド、ノルウェー、アラスカ、カナダなど）で生き抜くために、冬になると紫外線を感知できるようになることが報告[①]されました。

ちなみに、ヒトは波長が380－430nm（ナノメートル）の電磁波を紫、430－490nmのものを青、490－550nmのものを緑、550－

① Reindeer and the quest for Scottish enlichenment

590 nmのものを黄、590－640 nmのものを橙、640－770 nmのものを赤と感じています。380 nm以下の波長をもつのが紫外線なのですが、ヒトには、紫色の光として知覚される電磁波より周波数が多い、つまり波長が短い電磁波でヒトには色としては感じられません。

つまり、少なくともトナカイは、季節によって環境の変化に応じて紫外線が見えたり見えなかったりするという、ヒトとは異なった認知世界に棲んでいるということになります。

ではなぜ、そしてどのように、北極地周辺という厳しい環境に生きるトナカイにおいて、冬になると紫外線が見えるようになるという、その環境に対応したと考えられる特性が進化したのでしょうか。その点について、論文の中にとても興味深い発見が実証的な実験とともに述べられていました。

特に、トナカイが冬に紫外線が見えるようになることによって、どのようにして、どんな利益が得られるようになっているのか、動物行動学的に言えば「適応的意義」という点が興味深く学術的に価値がありました。

というのも、トナカイが冬に紫外線が見えるようになることは、それまでの調査によってある程度知られていたのです。その生理的な仕組みもある程度知られており、一つには網膜の視細胞の生理的特性が変化するのです。

また、紫外線を感知できる動物は、トナカイ以外にも、モンシロチョウなどの昆虫、多くの小鳥、デグーなどの齧歯類など、比較的多く知られていました。それぞれの動物での、紫外線が見えることの適応的意義については以下のようなことがわかっています。少しお話ししておきましょう。

モンシロチョウではメスの翅(はね)は紫外線を反射し、オスの翅は紫外線を吸収します。したがってモンシロチョウのオスは、繁殖期に紫外線が反射して感知できるメスのみに求愛を行うのです。

小鳥に紫外線が見えることは２０００年代になって正確に知られるようになった現象です。私のゼミで卒業研究を行った市原くんは、この特性を利用して、小鳥がキャンパス内の透明な窓ガラスに当たって傷ついたり死んだりする「ウィンドウ・ストライク」を減らす実践的な研究を行いました。キャンパス内で、ウィンドウ・ストライクが一番多く起こる場所の透明ガラスに紫外線の一部を反射する（ヒトには透明に見える）シートを張り付けて状況の変化を調べました。すると確かにウィンドウ・ストライクは減少したのです。いっぽう、紫外線を感知できることが小鳥たちにとってどんな適応的意義があるのかについてはまだ、十分にはわかっていません。一番有力な説は、森の中の植物には紫外線を反射するものも多く、小鳥が薄暗い森の中を飛ぶとき、植物に衝突する事故を減らしているのでは、というものです。

デグーは、主に南米チリの山岳地帯に生息する齧歯類です。落ち着きがあり学習能力も高いことから最近日本のペット店でよく見られるようになりました。デグーが紫外線感知能力をもつ理由として推察されているのは、次のようなものです。

彼らは尿によるマーキングによって縄張を宣言しますが、その尿は紫外線を反射する成分を含んでおり、尿が新鮮であるほど紫外線を反射する程度は高いことが知られています。したがって、より頻繁にマーキングすることで、縄張り外の個体に対し視覚的により重要な境界を知らせることができるのではないでしょうか。

さて、ではトナカイの場合はどうでしょうか。紫外線が見えることにはどんな適応的意義があるのでしょうか。研究によると、紫外線が見えることは、日中でも暗い北極圏周辺の冬、彼らにとって貴重な餌を見つけることを大いに助けてくれるといいます。

その「貴重な餌」というのは低温でも生育するハナゴケと呼ばれる地衣類です。地衣類は、一般的にはコケ類とよく間違われる一群で、菌類（カビやキノコの仲間）と藻類（緑藻や紅藻、珪藻といった単細胞や多細胞の植物）とが、外側と内側をつくるように共生した複合体です。低温、高温、乾燥といった条件下でも成長でき、ハナゴケは北極圏周辺の冬でも成長できるのです。

そのハナゴケをトナカイは餌にしていますが、厳冬の広大な平地の中で、雪をまばらにかぶったハナゴケを探すのは大変なエネルギーを消費するのです。ハナゴケも白い色をしているからなおさらです。少なくともヒトの目では、ハナゴケを発見するのは極めて難しいはずです。

ところがハナゴケは紫外線を吸収する、つまり反射しないので、おそらく冬のトナカイには、紫外線を反射する雪と、紫外線を反射しないハナゴケは違った色

に見えているはずなのです。

そうなると、トナカイは雪の平原でも、ハナゴケを雪と区別して、容易に見つけ出していると推察されます。研究者たちはトナカイの視覚を模倣するように調整した光フィルターを使って、実際にトナカイたちが移動する雪原を見渡し、ハナゴケを容易に見つけ出しています。

さて、この話の興味深い点はもう一つあります。先にも述べましたが、トナカイが紫外線を感知できるようになるのは冬だけで、冬以外の季節は感知できないのですが、その変化と同期して、トナカイの目の色が冬季には青っぽく、それ以外の時期には金色になるのです。なぜこのような変化が必要なのかというと、冬には目に入った波長が短い青や紫や紫外線をより多く、網膜に吸収させなければなりません。そのため、網膜の後ろに「輝板」という部分をもっており、網膜をすり抜けてしまったこれらの光を輝板で反射させ、もう一度、網膜に感知させているのです。トナカイの目を見る、我々の目には輝板から網膜のほうへ反射された青や紫や紫外線がそのままやってきて、トナカイの目が青っぽい色に見えるというわけです。

いっぽう、冬季以外の時期は、輝板の内部の化学構造が変化し、紫外線を反射しなくなります。すると、それ以外の色の黄色を中心とした色の光が反射されて、それらの色を我々が見ることになり、金色に見える……ということなのです。

夏毛・冬毛ならぬ、夏目・冬目と言えばよいでしょうか。

冒頭でお話ししたことの繰り返しになりますが、生物は、その生物の本来の生息地、つまり、そこで適応的意義が進化した場所での生存・繁殖がうまくいくような形態、行動、認知などを有しているのです。それに伴い、種によって知覚している認知世界は異なってくるのです。

大学に入学して間もないころ、私が出会った動物行動学は、それを強烈に、理論的に教えてくれ、輝板をもたない私は、その学問が放つ光を体の奥底まで吸収したのです。

驚異の成功率9割を誇るアリの「手」術

「アリが仲間の手術をする」というのはありうることだと思いますが、この発見も思わず「ほーっ！」、「へーっ！」と感じてしまうような内容です。

2024年、国際学術誌Current Biologyに掲載された論文で、ドイツ・ヴュルツブルク大学のフランク氏らのチームは、フロリダオオアリが、コロニーの仲間が脚に怪我を負ったときに手術するということを突き止めました。脚は、胴体にくっついている側から基節、そこからだんだん胴体から離れ、転節、腿節、頸節、跗節と呼ばれる節が連なっていますが、その怪我の状況によって、基節と腿節をつなげる転節を顎で嚙み切るといいます。

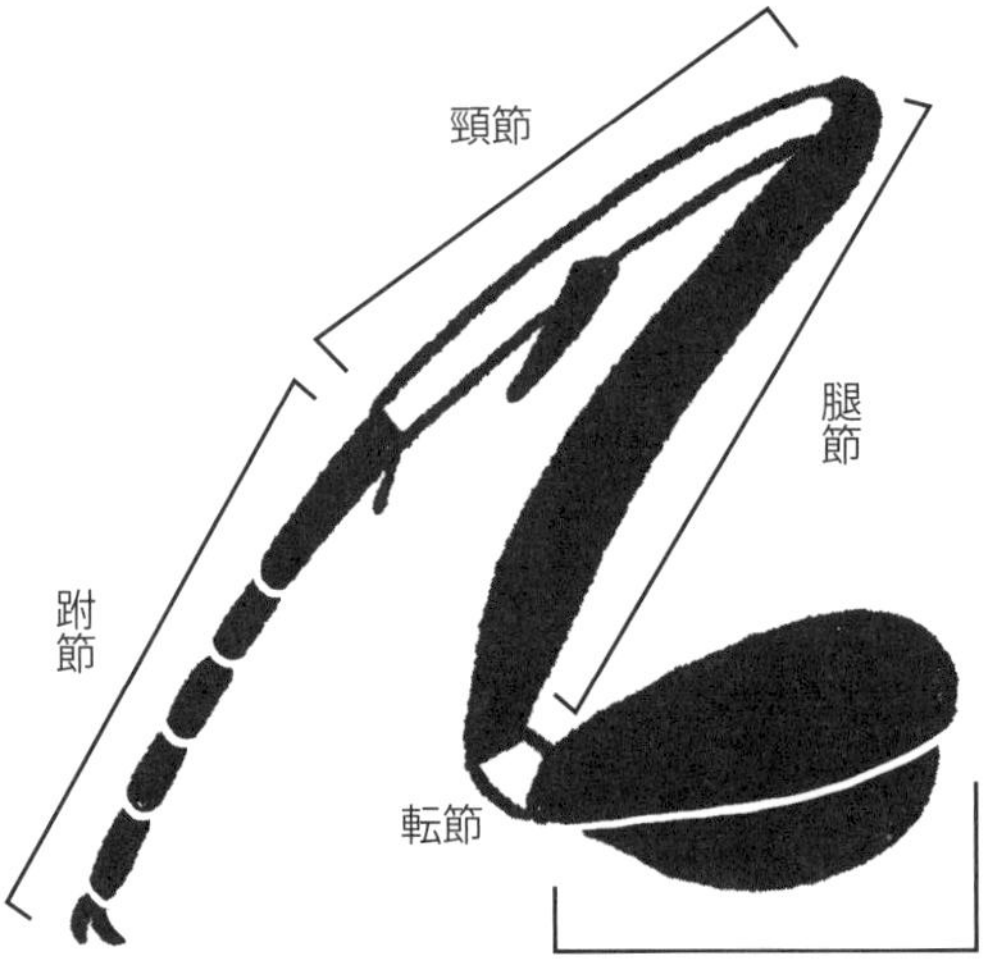

その状況というのは、こういうことです。

アリが傷を負ったとき、死に至る最も大きな原因は、細菌類やウイルスを中心とした病原体の体内増殖です。病原体は主に血流に乗って体内に広がり、さまざまな器官に機能不全をもたらし、個体を死に至らしめることが多いのです。

つまり、転節を切断するのは病原体が血流に乗って転節から胴体に近い基部に入る前に、転節より胴体から遠い場所にある腿節や跗節を切り落とし、病原体が体内に入るのを防ごうというわけなのです。

では、どういう場合に、転節の切断が体内への病原体の侵入を防げるのでしょうか。それは、転節までやってくる血流の速度が、十分に低下した場合です。「十分」と書いたのは、フロリダオオアリによる転節の切断には40分程度の時間がかかるので、怪我をしてそこから病原体が入って血流に乗って基部に到達する時間が40分以上でなければならない、という意味です。血流が速くて、40分以内に基部まで病原体が運ばれてきたら、切断の意味がありません。病原体はすでに基部に入ってしまっているからです。

この研究は、フロリダオオアリがどのようにして、「血流の基部までの到達が40分以上かかるかどうか」を決めているのかが興味深いところですが、どうも、「怪我をした場所が腿節なら40分以上かかる」、「跗節ならば40分以内で血は基部までやってくる」といった判断をしているらしいのです。転節なら40分以内です。腿節は、跗節より基部に近いのに、なぜ腿節なら血液は40分以上かかり、跗節なら

40分以内なのでしょうか。

それは次のような理由のようです。

腿節には、ホモサピエンスの太もものように発達した筋肉組織が存在し、血流の速度を高めています。したがって、腿節に怪我をすると、血流はぐっと遅くなるのです。いっぽう、跗節に怪我をしても、腿節が無傷なら血流の速度低下は起こらず、速いスピードで病原体は基部まで運ばれるのだといいます。

したがって、跗節に怪我をしたフロリダオオアリは、脚の切断手術をされることはないといいます。意味がないからです。

ちなみに、彼らは切断以外にも、病原体の感染に対抗する手段をもっています。それは、顎による傷口のクリーニングです。怪我をした部分を、他個体が顎できれいにし、病原体が含まれている可能性が高いゴミを取り除いてあげるのです。この顎によるクリーニングは、病原体の除去にかなりの効果があるらしく、怪我をしたが何らかの理由でクリーニングを受けなかった個体の生存率は15％だったのに対し、クリーニングを受けたアリの生存率は75%でした。

もちろん、転節の切断の効果も非常に高く、腿節に怪我を負ったが、切断手術を受けられなかった個体の生存率が40%未満だったのに対し、手術を受けた個体が助かった率は90~95%でした。

またアリは種類が多いのですが、その中には、切断手術やクリーニングではない方法で、仲間の傷口の病原体を殺す種類もいます。

その一つがマタベレアリです。前述のフロリダオオアリが、その名前が示すように、アメリカ・フロリダ州に生息するのに対し、マタベリアアリは、そこから遠く離れたアフリカ大陸サハラ砂漠以南に生息しています。

このアリの行動もなかなか驚きの病原体対抗法です。マタベリアアリは、殺菌効果のある化合物を、体内の分泌腺で生産し、それを口から出し怪我をした仲間の傷口に塗ります。私は、その行動を実物はもちろん映像でも見たことはありませんが、熱心に塗っているアリの姿が頭に浮かびます。

いずれにせよ、一つのつながった巣穴の中で、多くの個体が密集して生活している環境の中で、一個体の中で病原体が増殖した場合、他個体に次から次へと感染していく可能性もあり、特に、巣穴の中で集団生活を行うアリにとって、病原体の初期排除は重要な課題なのでしょう。

さて、以上のような、殺菌作用のある化合物を体内で生産して仲間の傷口に塗布したり、怪我の場所に応じて手術まで行ったりするようなアリの行動を見てくると、ホモサピエンスは知能——この「知能」という言葉は生物学的に実態があいまいな用語であり、私はあまり使いたくないのですが——が高いというが、その他の動物と一体何が違うのかという思いも浮かんできます。

私の意見は以下のようなものです。

ホモサピエンスが、アリも含めた他の動物と異なる点の一つは，「時間や空間に関して、アリも含めた他の動物よりも、ずっとずっと広い範囲内に存在する事物事象を、因果関係を探りながら世界を認知しようとする」特性だと思うのです。

たとえば、あるホモサピエンスが怪我をしたとしましょう。そのとき、周囲のホモサピエンスは、その怪我はどんなことが原因か、周辺の事物の様子も観察しながら考え、そして、その怪我は今後、その個体にどんな影響を及ぼすかについて、数年前、数十年前にさかのぼり、数年後、数十年後に思いを馳せ、いっぽうで、これからどのような対応をすればよいか、救急車を呼ぶか、数十キロ離れた病院に連れていくか、遠方の知人に助けを求めるか……といったことを考えることでしょう。治療についても、仮に、病院に運ばれたとしたら、どんな処置が必要か、いろいろな装置を使って調べ、症状によっては、その怪我の治療が可能な数少ない、遠く離れた地域の大きな病院への移送を考えるかもしれません。治療も、世界のさまざまな場所から取り寄せた機器や薬品を使い、怪我の内容に対応した処置が行われることでしょう。

基本的には、そうした因果関係を頼りに技術の発展が進み、怪我に対する理解は深まり治療法も改善されていくのです。ちなみに、その間、ホモサピエンスの遺伝子は変化せず、ホモサピエンスという種のままで進歩や深まりや改善はなされていきます。

いっぽう、フロリダオオアリの場合は、仲間の怪我を認知したうえで切断かクリーニングのどちらを行うかの判断や、どこを切断するかの判断は、いわゆる本能で行われています。アリの脳内には判断を行う専用の回路が存在し、それが自動的に作動するのです。なので、フロリダオオアリが転節以外の場所を切断することはないでしょうし、切断の仕方を工夫して短時間で行うこともないでしょう。

その「専用の回路」を設計しているのは遺伝子であり、長い時間の間に起こった遺伝子の変異の中で、怪我をしたフロリダオオアリの命を救う判断や行動を行わせる回路を設計する遺伝子が、個体に乗って残っていったのです。

繰り返しになりますがホモサピエンスの場合は、「時間的にも空間的にも、とても広い範囲の対象がまな板にのせられ、それら、相互の因果関係も探りながら結びつけて世界を認知しようとする」脳内神経回路を設計する遺伝子が、ホモサピエンスの本来の生活環境の中では有利だったから、個体に乗って残っていったのです。

しかし、それはホモサピエンスだけがもつ特別な特性ではなく、ある程度寿命が長い動物、カエルも、オオカミも、チンパンジーも、それぞれの種が、生息する生活環境の中で、生存・繁殖が有利になるような時間的・空間的範囲の中で「対象が、まな板にのせられ、それらを、相互の因果関係も探りながら、結びつけて世界を認知しようとする」特性はもっていることでしょう。基本は同じですが、それぞれの生活史も含めた環境に合致した、それぞれ独特の様式の特性を持っているのです。

体を冷やすのは汗ではなく「鼻」ちょうちん!?

「ハリモグラは鼻ちょうちんで体を冷やす」ということが研究でわかったそうですが、「モグラ」とか「鼻ちょうちん」と聞くと　私の頭にはすぐ、カワネズミのことが浮かんできます。

カワネズミは、「ネズミ」という名前がついていますが、多くのネズミが属する齧歯目とは別のグループに属しています。属するのはモグラに近いグループであり、カワネズミやモグラは、以前は食虫目としてトガリネズミ等とともに同目に入っていましたが、現在は真無盲腸目として分類されています。全体の分類構成が少し変えられたのです。

以前、私のゼミの院生だった森本祈恵さんは、哺乳類の研究で新しい発見がしたいといろいろ探し回り、行きついたのがカワネズミでした。森本さんは、証明とまではいっていないものも含めて、たくさんの興味深い事実を見出しました。その中に、「カワネズミは、潜水時に体毛を包むように覆った空気を、水底で餌を狙うとき、鼻に集めてちょうちんのように保持し、スキューバタンク（水中呼吸酸素貯蔵器）のように使う」というものがあります。

カワネズミは、谷川の水辺（陸上側）に巣を作ってねぐらにし、岸辺や浅瀬、水中の昆虫類や甲殻類、魚類等を捕獲して餌にしています。銀ネズミと呼ばれることもあり、水中に潜るとき、体毛の形態や生え方の関係で生まれる厚い空気の膜で体を包み、その包みで体を覆ったまま下降していきます。さて、その空気の膜は水底で餌動物を待ち伏せしているカワネズミの体でどう変化するのでしょうか。

大学院での実験をもとに『カワネズミを見てみたい！水にもぐる銀色の小動物の研究』（くもん出版）を私と共著で著した森本さんは、その本の中で、次のように書いています。

1分が過ぎました。わずかな動きから、生きていることはわかります。長すぎる……、そろそろ息継ぎをしないと……。

助けようかと思った瞬間、フッ素ちゃん（筆者注：森本さんがある個体につけた名前）が突然、からだを膨らませたり縮ませたりしはじめたのです。まるで、しゃっくりをしているように。フッ素ちゃんの行動に、わたしはくぎづけです。

すると、フッ素ちゃんの鼻先に、じょじょに空気が集まり始めました。なにがおきているんだ？　鼻先の空気は、どんどん大きくなっていきます。

そして、空気が限界まで大きくなった瞬間、フッ素ちゃんの鼻の穴に、その空気がすっと入っていきました‼

私には、吸い込んだように見えました。すぐに、鼻先にはまた空気があつまってきます。

なんだかすごいことを見ているような気持ちで、私はじっと、繰り返されるその行動を見ていました。しばらくしてわれにかえった私は小林先生（筆者注：私のこと）を探しましたが、こういう時に限っていませんでした。しかたなく、その日は研究室の飼育場をあとにしました。

その後、私もビデオや実際の水槽内でカワネズミのこの行動を何度も見たので、冒頭で私が「『モグラ』とか『鼻ちょうちん』と聞くと私の頭にはすぐ、カワネズミのことが浮かんできます。」と書いた理由も理解してもらえるでしょう。なおこの現象は、学術論文として報告しました。

さて、では、本題に入りましょう。主役はハリモグラです。ハリモグラは、哺乳類に属しますが、卵を産みます。少なくとも現在の哺乳類は、大きく3つのグループに分けられます。胎盤をもっている「有胎盤類」（ヒト、ハツカネズミ、モグラなど）、胎盤は形成されず、胎児はサイズが小さいときに出産され、母親の体にできている「袋」の中で乳を吸って大きくなる「有袋類」（カンガルー、コアラ、フクロモモンガなど）、そしてハリモグラが属する卵生でありながら乳を飲む「単孔類」（カモノハシとハリモグラ）の3つです。

単孔類は、現在ではハリモグラとカモノハシの2種類しか生き残っておらず、卵から孵化した子どもは、母親の胎内から染み出る乳をなめて成長します。カモノハシはオーストラリアの主に東部の太平洋に沿った地域に生息し、ハリモグラは、オーストラリアでも内陸に広がるアウトバックと呼ばれる砂漠地帯と、ニューギニア島南東部に生息しています。

アウトバックは、乾燥して気温が摂氏45℃を超えることもあり、そこに生息する動物たちは、ハリモグラをはじめとしてさまざまな習性を発達させて暑さをしのいでいます。

たとえばハリモグラの生息地ほどには乾燥しない地域に棲んでいるオーストラリア固有種の有袋類であるコアラは、冷えたユーカリの木に抱きつき、ウォンバットは深さ3.6m、距離は最大100m以上にもなる長くて深い巣穴を掘り、暑さを避けています。主にオーストラリア大陸の開けた土地に棲むカンガルーの暑さ対策は、腕や脚をなめて濡らしそれが乾くときに逃げていく気化熱を利用するといった具合です。

気温が45℃を超えることもあるアウトバックに生息するハリモグラですが、体温が35℃を超えると危険な状態になると言われているハリモグラが、どんな暑さ対策を行っているのかについてはかねてから興味がもたれていました。

ハリモグラは、少なくとも、自分の体をなめたり汗をかいたりして皮膚や体毛を濡らし気化熱を利用して体温上昇を防いだり、イヌがよく行うような「ハアハア」と口を開けて舌を出し、舌から水分を蒸発させたりすることなどは行わないことが確認されていました。

今回、オーストラリアのカーティン大学の研究チームは、ハリモグラが生息する西オーストラリアのドライアンドラ・ウッドランドとボイアジンの自然保護区で1年間現地調査を行い、ハリモグラの暑さ対策の奇策を発見しました。赤外線サーモグラフィーを使って、少なくとも月に一度、124頭のハリモグラの体温と周囲の気温を測定①してみたそうです。

その結果、周囲の気温が47℃近くまで上昇しても、ハリモグラの体温は常に30℃を超えないことが明らかになりました。そして映像を詳しく分析したところ、ハリモグラはいくつかの方法で体の温度を下げていることが判明したといいます。

まず一つ目は、ハリモグラの背中に生えている棘が断熱材となって外部の熱が体に伝わるのを防いでいることが確認されました。二つ目は、冷えた地面に腹ばいになることで、熱を逃がしていたそうです。

そして、三つ目の方法が最もユニークで、鼻水の泡を繰り返し吹き出しては弾き鼻先を湿らすことでその気化熱を逃すという冷却法だったそうです。論文では「泡が弾けて鼻が濡れるとそこから水分が蒸発するときに血液が冷えるのだろう」と説明しています。この鼻水の泡＝鼻ちょうちんによる冷却法はかなり効果があるらしく赤外線サーモグラフィーで確認すると、鼻先は黒色に見え、つまりかなり冷えているということを示していました。

① Postural, pilo-erective and evaporative thermal windows of the short-beaked echidna (Tachyglossus aculeatus)

ハリモグラのすごい体

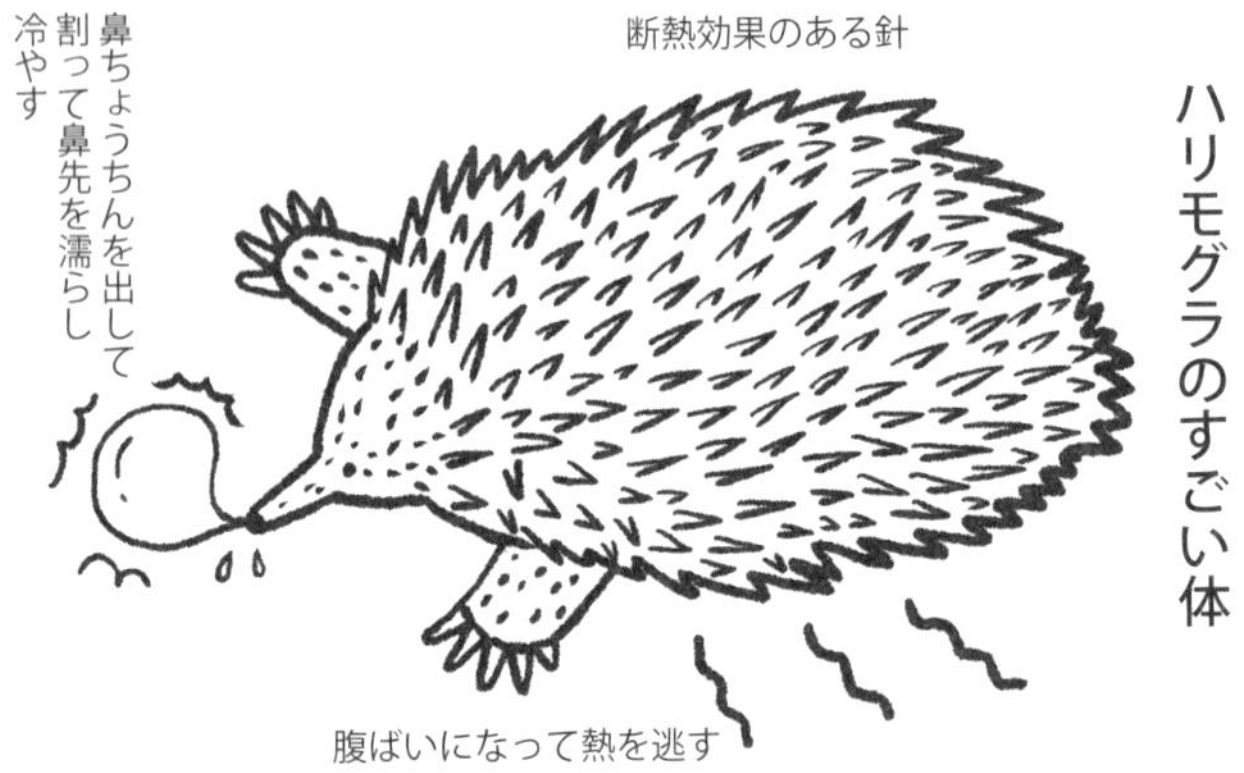
断熱効果のある針
鼻ちょうちんを出して割って鼻先を濡らし冷やす
腹ばいになって熱を逃す

ハリモグラの鼻ちょうちんと、カワネズミの水中の鼻ちょうちん……それぞれの生息地の特性に合わせて適応的に進化した、どちらも見事な鼻ちょうちんというわけです。

強酸性のゲロ砲弾を作り出す恐ろしき「胃」

さて次の主役はヒメコンドルですが、まずはコンドルとハゲワシの違いからお話ししましょう。

どちらも頭から首にかけて毛が極端に少なくなっている猛禽類なので混同されがちなのですが、コンドルとハゲワシは分類学的には明確に異なる鳥なのです。コンドルはタカ目タカ科に属し南米全土に生息しています。いっぽうハゲワシは、タカ目コンドル科に属しヨーロッパ南部、中東、インド、中国などに生息しています。外見の違いとしては、コンドルは概ねハゲワシより体が大きく、ハゲワシは羽一枚一枚の中央に白い線、あるいは点がある場合が多いです。

この本をお読みの読者は次のようなことはもうご存じでしょう。コンドルもハゲワシも、他の肉食獣が仕留めた死体の肉、つまり多くの微生物が繁殖している腐った肉を食べています。頭や首に羽毛が少ないのは腐肉やその中の腐った内臓を食べるとき、頭や首を死体の中に入れやすくするため、あるいは腐肉が頭や首の体毛にくっつかないようにするためだと考えられています。

でも、それなら……と思われる方もいるかもしれません。それなら、なぜ、腐肉の表面や内部にある有害な微生物（病原体）を食べても大丈夫なのだろうか、と。

2014年、デンマークとアメリカの研究者のチームの報告では、この研究で調べた50羽のクロコンドルの頭部の皮膚から採取したサンプルには、500種類以上の細菌が存在しましたが、腸内には70種ほどの細菌しか存在しなかったことがわかったそうです。

この結果を受けて、チームでは「コンドルは、体内に取り込んだ有害な細菌を死滅させる、あるいは無毒化する生理的な仕組みをもっているのではないか」と考えました。そして、その「有害な細菌を死滅させる、あるいは無毒化する生理的な仕組み」の一つではないかと思われるものが、見出しの「ゲロ砲弾」と深く関係するのです。

ゲロとは、もっと上品に言えば、ヒトであれば嘔吐や吐き気と同時に出される

「吐出物」のことです。

ヒメコンドルの場合は、外敵に接近されたときや、大型動物が食事を邪魔してきたときなど、嘔吐や吐き気は必ずしも伴わず相手に向けてゲロを吐いて逃げたり、逆に相手を追っ払ったりすることが知られています。そしてこのゲロは、消化中の腐肉や胃酸が混ざった濃い液状、あるいは半固体状の物質で3m先まで飛ばすことができます。ちなみに、赤ん坊のヒメコンドルでもゲロ砲弾を吐くことができ、それも赤ん坊のときは、はっきりとしたきっかけもなく吐くことがあるので、動物園でヒメコンドルを担当する飼育員の人はなかなか手を焼くそうです。

さて、コンドルがもつ「体内に取り込んだ有害な細菌を死滅させる、あるいは無毒化する生理的な仕組み」と「ゲロ砲弾」との関係ですが、それはゲロ砲弾に含まれる胃酸の酸性度を調べると、容易に推察できます。

答えはタイトルで言ってしまったようなもので、そもそも胃酸はどんな動物でも酸性度が高いのですが、ヒメコンドルの胃酸は尋常ではないほど酸性度が高いのです。

一般的に、胃酸は塩酸や塩化カリウム、塩化ナトリウムで構成されています。胃酸は、口から食道を経てやってきたタンパク質を分解する強い作用をもっており、細菌を分解する作用ももっています。その作用はたとえば、ヒトの胃潰瘍を考えてみればわかるでしょう。

胃潰瘍は、健康時には胃の内壁を覆い内壁を胃酸から守っている粘液が、ストレスなどの原因で胃から十分に分泌されなくなり、粘液がなくなった部分で胃酸が胃の内壁を分解する結果起こる症状です。細胞が深い層まで破壊されると胃酸は血管まで達し、出血が起こることもあるのです。

こういった胃酸の作用の強さは酸性度によって決まります。酸性度はpHという値で表され、pH＝7のときが中性、8とか9と値が大きくなるとアルカリ性と呼ばれ、6とか5のように数値が小さくなると酸性と呼ばれます。つまり、胃酸はそのpHの値が小さくなるほど作用は強くなると言えます。

ヒトの場合、胃酸はpH＝2くらいですが、ヒメコンドルの場合、なんとpHは0.2程度と非常に低いのです。つまり胃酸の作用が非常に強いということです。この

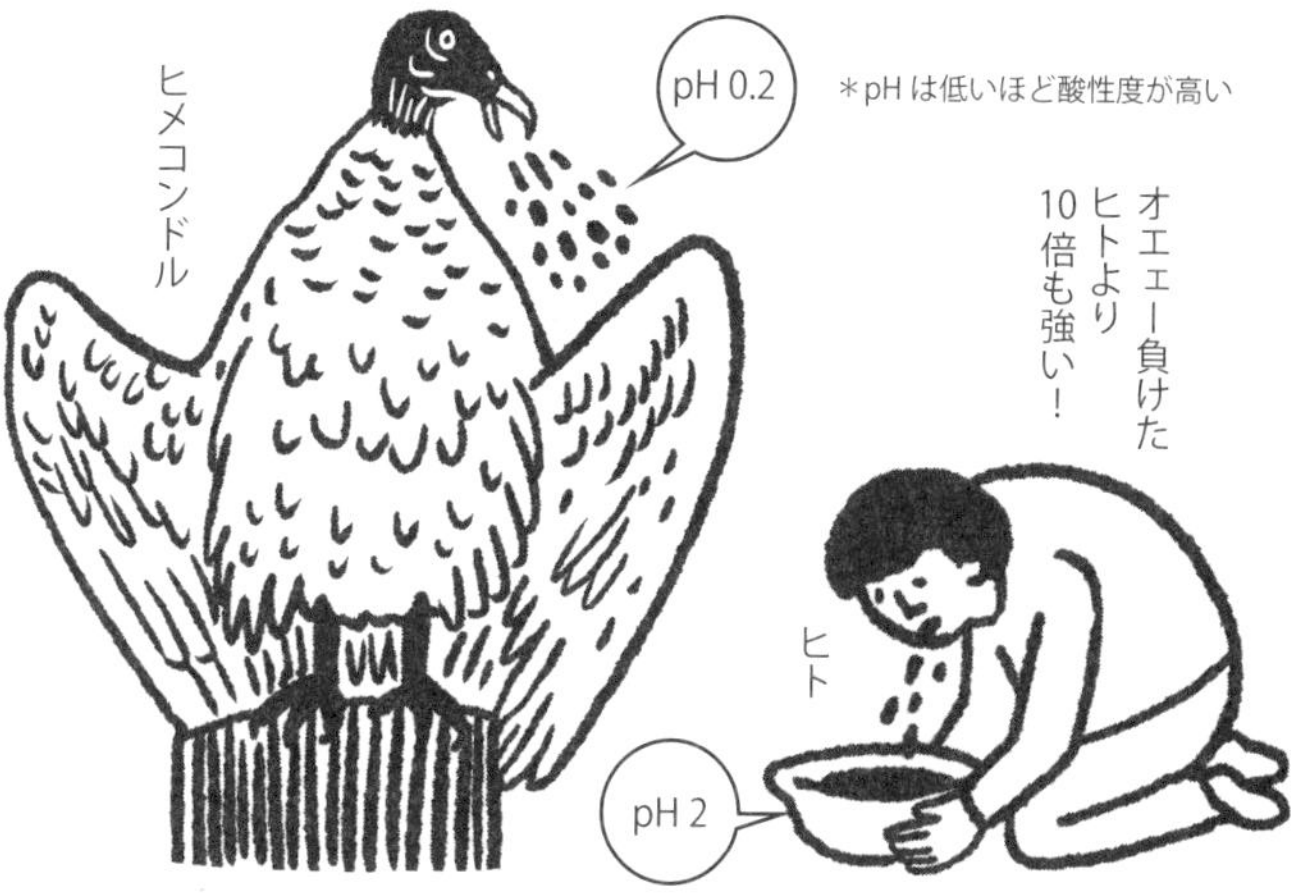

強い作用によって腐肉中の多くの有害細菌も分解されるので、ここに来て「有害な細菌を死滅させる、あるいは無毒化する生理的な仕組み」と「ゲロ砲弾」とが結びつきます。同時に、ヒメコンドルのゲロ砲弾が外敵などにどれほど攻撃的な効果をもつかわかってもらえたのではないでしょうか。強酸の胃酸が、相手の皮膚を分解するくらいの効果があるからです。

最後に、ヒメコンドルの胃酸のついた砲弾と、ヒトのゲロとの比較についてちょっとお話しして終わりにしたいと思います。

ヒトのゲロは、場合によっては独特な匂いも漂い、近くの人は身を引くでしょう。私は、口から出てくるプロセスも含めたゲロの視覚的様相に、あるいは匂いがある場合にその匂いに嫌悪感を覚えるのは、いわば本能的な反応だと思います。学習のほうが大きな役割を果たしていると言われる方もおられるかもしれませんが、少なくとも、大便の匂いなども含め、「くさい！」と感じる、その感覚の内容まで学習させることはどう考えても無理があります。

その反応はヒトの生存・繁殖にとって有利なことであると言えます。というのは、ヒトのゲロは胃の中で、pH＝2の酸性度では死滅させることができなかった有害微生物を体外に排除するための行動だと言えるからです。つまり、ヒメコンドルとヒトとは、口に入れた有害微生物から身を守る方法として別な戦略をとっている可能性が高いのです。

ヒメコンドルは胃液中の胃酸を、極めて強い酸性にすることにより主に胃の中で有害微生物を死滅させ、ヒトは嘔吐という行動で体外に排出します。ヒメコンドルのゲロを相手が嫌がるのは学習による可能性が高いのですが、相手の皮膚まで分解するかもしれないほどの極めて強い胃酸が含まれるからであり、ヒトのゲロを相手（ヒト）が嫌がるのは、その中に有害微生物が含まれている可能性が高いからだと言えます。ちなみに、大便に嫌悪感を覚えるのも同じ理由だと考えられます。

ところで、もし、ヒトが、「強酸性のゲロ砲弾」を撃つように進化していたら……あまり考えたくありませんね。

さまざまな環境に特化した驚きの体

体内の老化細胞を殺すハダカデバネズミの長寿戦略

ハダカデバネズミはアフリカの中部極東地域、いわゆる「アフリカの角」にあたる地域に生息する齧歯類です。完全に地中で生活し、その穴は長いものでは3kmの例が知られています。

「ハダカ」という名前からわかるように、ヒトのように体毛一本一本が細く短く、「デバ」という名前からわかるように、大きくて長く外へ向かって突き出た門歯をもっています。これは土を掘るときにスコップのように使えるうえ、土が口に入るのを防ぐ役割があると考えられています。長寿であることで有名ですが、その他にも、哺乳類としてとてもユニークな特性をもっています。

本題に入る前にそれらについて簡単にお話ししておきましょう。

長生き！ハダカデバネズミのすごい体

体温調節機能がない！
長時間、酸素がなくても大丈夫！
癌になりにくい！
痛みや温度を感じない！
省エネ！

①繁殖を行うのは１ペアのみ

１００頭程度の大きな群れをつくり、地中で生活していますが、群れの中で繁殖を行うのは１ペアのつがいのみです。他の非繁殖個体は、体が大型のタイプと小型のタイプに分かれ、大型個体は、たとえばヘビが穴の入り口から侵入しようとすると、穴の内側から入り口に栓をするようにしてヘビの侵入を防ぐ等の防衛を行います。小型個体は、穴掘りや食料である植物の根などの調達を行います。

②癌になりにくい

これは本題の長寿戦略とも深く関係するのでまた後でお話ししましょう。

③哺乳類なのに体温調節の能力がない

体内の生理的代謝を変化させて体温を制御する仕組みをもっていません。つまり、ズバリ言うと変温動物なのです。ただし、体内で起こっているさまざまな生命活動が体温を生み出しており、巣穴の中の気温が下がると、複数個体が重なりその上に幼獣を乗せて保温することも知られています。おそらく、基本的に地中の温度は変動が少ないため、エネルギーを費やして体温調節の仕組みを保持し続ける個体は、日中に懐中電灯をつけっぱなしにしておくのと同じように進化的に良くない戦略だったのでしょう。つまり、遺伝子の突然変異によって、その仕組みを失った個体のほうが無駄なエネルギーの消費を避けることができ、生き残りやすかったのでしょう。そのような個体の子孫が現在、生きているハダカデバネズミだと考えられます。

④痛覚や温覚がない

ヒトも含めた哺乳類では、基本的には、皮膚には触覚や痛覚、温覚に対応した刺激受容細胞があり、皮膚同士が強くこすれると、摩擦に伴う熱などによって生じる痛みを感じたりします。ところがハダカデバネズミは、痛覚や温覚の受容細胞がありません。受容細胞の形成に関わる遺伝子が変異していることも明らかにされています。これはたとえば、個体同士がトンネル内で接触しても痛さを感じないと考えられるのです。おそらく、地下の狭いトンネル内での生活への適応ではないかと考えられています。特に、先にも述べたように、大型個体が「ヘビが穴の入り口から侵入しようとすると、穴の内側から入り口に栓をするようにしてヘビの侵入を防ぐ」場合など、栓になる個体は他個体と頭部を中心とした体部の皮膚を密着させ擦り合わせなければなりません。もし痛覚などがあったら、トンネル内の個体の命を救うそういった防衛行動は不可能だったかもしれないのです。独特の生活様式に対する適応的進化なのでしょう。

⑤無酸素状態でも長時間生きていける

通常、我々が生活している環境での空気中の酸素濃度は、約20%です。ところがハダカデバネズミの場合、５％という低酸素濃度下でも少なくとも5時間、たとえ０％になったとしても18分、生きられることが実験によって明らかになっています。マウス（ハツカネズミ）では、いずれの場合でも数分以内に死亡したといいます（なお、現在ではこういった実験は倫理的な理由から禁止されています）。

これも、地下のトンネルの中では、多くの個体が一時的に密集し、その部分の酸素濃度が極度に低下することは容易に想像できるため、そういった状況に対する適応ではないかと考えられています。

ちなみに、酸素がないときは、脳や心臓などの、生命維持に特に重要な臓器には、酸素呼吸によって生産するエネルギーではない、酸素を使わない化学反応によって生産するエネルギーを供給しているらしいのです。

さて本題の長寿戦略です。

ハダカデバネズミ程度の大きさの、他の齧歯類の寿命は、たとえばハツカネズミで1〜2年、ゴールデンハムスターで2〜3年ですが、ハダカデバネズミでは、約30年です。

なぜそんなに長く生きることができるのでしょうか。

「死（老衰）」の主要な原因の一つとしては次のようなプロセスが知られています。染色体はたくさんの遺伝子が連なった紐状のもので、細胞分裂の前だけに紐が毛糸玉のように絡み合って外見上、太いX字形の毛糸玉のようになっています。その両端についているテロメアと呼ばれる細胞は一回分裂するごとに一断片ずつなくなっていきます。そしてテロメアがなくなると細胞は分裂できなくなるのです。

細胞は分裂するたびに、その内部構造がリセットされ、健やかに働く状態になるのですが、分裂しなくなった細胞、つまり老化細胞では、老廃物が細胞内に増えていき、細胞本来の働きが鈍くなったり、細胞内の遺伝子にできた傷の修復が速やかに行われにくくなったりします。そして、「働きが悪くなる」とその老化細胞がお荷物になって臓器の機能が悪化したり、「遺伝子にできた傷」が重要な場所であれば、細胞が癌細胞になったりしてしまいます。

したがって、老化細胞は早めに破壊されるほうが個体は長く生きられると考えられています。

また、ハダカデバネズミは、老化細胞に限らず、細胞の癌化を抑える特性をもっていると考えられており、その理由は、細胞内のヒアルロン酸の濃度が他の哺乳類と比べ高く、その高濃度のヒアルロン酸が癌化抑制につながっているという説が有力です。

いずれにせよ、個体にとって有害な「老化細胞」は、一見早めに破壊されるほうが個体の生存にとっては有利だと思われるのです。

ただし、次のような問題も含め、「ハダカデバネズミの長寿」については、まだまだ不明な点が多いことも確かです。

たとえば、いくつかの研究は、老化細胞の適度な増加は、臓器などの形態の保持といった体に有益な作用ももっていることを示しています。老化細胞が速やかに破壊されると、臓器を構成する細胞の数も減少し、減少が臓器の機能低下につながります。皮膚の場合であれば、皮膚に皺が増えていきます。

長寿で元気であるためには、老化細胞の早い破壊速度をカバーするほど早く若い細胞を生成することが必要だと考えられるのですが、そういった特性はまだ見つかっていないのです。今後の研究の進展を楽しみにしたいところです。

笹しか食べないパンダが太っているのはなぜ？

パンダは笹しか食べないのになぜあんなにずんぐりとした体型なのでしょうか？　その謎を解く前にまずはこの事実から。

実験で、タケノコを食べる季節のパンダの糞を、マウスの腸に移植し、かつ、竹やタケノコの成分を混ぜた餌を与えたところ、体重や脂肪分の生産量が有為に増加したそうです。この研究結果①は、２０２２年の学術雑誌に掲載されました。

なぜこんなことが起こるのでしょう。中国科学院の研究は次のような考察を行っています。ジャイアントパンダは、食肉目クマ科の動物でありながら、食の99％を竹に依存している珍しい動物です。植物は細胞がセルロースからなる細胞

① Seasonal shift of the gut microbiome synchronizes host peripheral circadian rhythm for physiological adaptation to a low-fat diet in the giant panda

壁で覆われていて消化されにくく、また、体積あたり肉より少ない栄養分しか含まれていないため、長い消化管でじっくりと消化・吸収する必要があります。そのため、草食動物の消化管は肉食動物の消化管より長いのです。

反対に、肉食動物は草食動物と比べいわば逆の状態であるため消化管は短い、つまり肉食動物であるパンダの消化管も短いということになります。

また、草食動物では消化管に入ってくる有機物は炭水化物が多く肉食動物ではタンパク質や脂質が多いのですが、こうした有機物を分解する腸内細菌叢には、草食動物ではセルロースなどの炭水化物を分解しやすいバクテロイデス、クロストリジウム、フィブロバクター、スピロヘータという細菌が多く、いっぽう肉食動物の腸内ではタンパク質や脂肪酸の分解能力に優れたエシェリキア、エンテロコッカスという細菌が多いのです。そして、パンダの場合は、エシェリキアやストレプトコッカスという細菌が多いことがわかっています。

つまり、消化管の形態や内部にもっている細菌叢の種類も肉食動物の特性を維持しているということです。

そうなると、パンダについての次のような疑問が湧いてくるのは当然のことでしょう。

食の99％を植物である竹に依存するパンダは、どのように栄養を吸収しているのだろうか？

結論から言うと、その疑問に答える研究は始まったばかりで、まだよくわかっていないというのが実情です。

しかし、その疑問の答えの一部にはなりそうな研究は出てきています。たとえば、パンダの腸内細菌叢は肉食動物のパターンですが、その細菌叢の「内容」が、季節によって変化するという特性があります。

中国科学院の研究チームは、中国中央部の秦嶺山脈に生息する野生のパンダを数十年にわたって調査してきました。

チームは8頭のパンダが、地下茎からタケノコが地上に姿を現し、パンダがタケノコを好んで食べる季節と、タケノコが成長しきって、竹になってパンダがそ

れを食べる季節とで、パンダの糞を調べて腸内細菌がどう変化するのか分析しました。

すると、二つの季節で、腸内細菌の種類や各細菌の量的バランスが大きく異なっていることが判明しました。重要と思われる変化は、本来、草食動物が多く有し肉食動物には少ないクロストリジウムという細菌が、竹の季節に比べ、タケノコの季節にはその他の時期よりはっきりと増加するということです。クロストリジウムは、脂肪酸の一種である「酪酸」を作り出す働きをもっています。竹には脂肪の要素になる成分が少なく、いっぽうタケノコには脂肪の要素になる成分が比較的多く含まれています。パンダは、主にタケノコの季節に腸内で増えるクロストリジウムを利用して、酪酸などの脂肪酸をしっかり体内に貯蔵し体重を増やしていると推察されるのです。

冒頭に述べた、「タケノコを食べる季節のパンダの糞を、マウスの腸に移植し、かつ、竹やタケノコの成分を混ぜた餌を与えたところ、体重や脂肪分の生産量が有為に増加した」という実験は、中国の研究チームが、「タケノコの季節にはパンダの糞にクロストリジウムが増えてくるのは、腸内でクロストリジウムが増加し、タケノコの分解・吸収を引き起こしているからではないか」という推察を検証しようとして行ったものです。

実験では、無菌状態のマウスを三つの群に分け、一つ目の群には、パンダが竹の季節に排泄した糞便をマウスの腸内に移植する操作を施しました。これは糞便移植法と呼ばれ、腸内の環境を健全な状態に戻す方法の一つとしてホモサピエンスでも行われています（『ウソみたいな人体の話を大学の先生に解説してもらいました。』p14「認知症やがんに効く希望の光——うんち移植」参照）。二つ目の群のマウスでは、パンダが、タケノコの季節に排泄した糞便を腸内に移植します。三つ目の群のマウスでは、手術だけを行い糞便の移植は全く行いませんでした。そのうえで、パンダの基本的な食事である竹やタケノコの成分を混ぜた餌を3週間マウスに与えました。

その結果、タケノコの季節の糞便移植マウスは、竹の季節の糞便移植マウスに比べ明らかに体重が増加し体の脂肪分も多くなっていたといいます。

ここまで聞くと読者の皆さんの中には、「腸内を移植腸内細菌叢の状態にしておけばよいのではないか」とか、「そもそもパンダの腸内環境が、草食動物の細菌叢になるような遺伝子の変化があってもよかったのではないか」等々、いろいろな感想をもたれる方もおられると思います。

ただし、遺伝子の変化の制約や、腸を含めた消化管全体の役割や働き等、まだまだ解明されていないたくさんの「隠れた事情」も背後にあると考えられ、それらは少しずつ解明されながら、パンダの生活全体の中でどうして今のような状況に到達し維持されているのかがわかっていくのだと思います。

腸と言えば最近の生物学や医学の分野では、ホモサピエンスの健康状態だけでなく心理や性格といった精神面と腸内細菌叢との関係に注目した研究が市民権を得て注目され始めています。

腸は第二の脳とも呼ばれ、進化的な臓器の変遷から考えると、腸に存在する神経網が先にでき、そこから「出張先」のような構造で頭部の脳ができていたことを示唆する研究も発表されています。いずれにしろ腸内環境と相互作用する「腸内神経」が脳に対して大きな影響をもっていることは間違いないと考えられます。

そして、腸内神経には当然、腸内細菌叢が影響を与えており、腸内細菌叢と脳の状態とのつながりも研究の対象になっているのです。

パンダの場合も、竹を食べる季節のパンダと、タケノコを食べる季節のパンダとでは同一個体であっても性質が異なり、それが彼らの生存に有利に作用している可能性もあるのではないでしょうか。

突撃を知らせるマカジキの発光する体

ハダカデバネズミやパンダなど哺乳類だけではありません。魚など水に棲む生物も体を環境に最適化させています。最近の魚類の認知行動に関する研究は、彼ら（魚類）の「知能」が優れていることを、次々に明らかにしています。

直近の例で言えば、ドイツのボン大学の研究チームによって行われた実験で、訓練すれば魚は足し算や引き算ができるようになることが明らかにされています。研究の対象にされたシクリッド（アフリカと南米の湖に生息する魚類）の一種とエイの一種で、彼らに次のような思考が可能かどうかが調べられたのです。

ある装置を作り、装置の扉にマークを何個かつけて5秒以上見せます。次にマークのついた扉を開けて奥に進ませ、そこで、横に並べた2枚のパネルの一方には、扉のマークの数にもう一つマークを加えてつけ、他方のパネルには、もう二つのマークを加えてつけます。つまり、一方にはマークを1プラスして、もう片方にはマークを2プラスしたわけです。そうしておいて、もし魚が1プラスのパネルのほうへ行けば正解として餌が与えられました。この学習ではマークの色はすべて青にしたそうです。

そして、この実験と並行して今度はマークの色を黄色にして次のような実験を行いました。奥の2枚のパネルの一方は、扉のマークの数より一つ少なくし、もう一方のパネルでは、マークを一つ加えてつけました。つまり、扉のマークから1マイナスと1プラスにしたわけです。そうしておいて、もし魚が1マイナスのほうへ行けば正解として餌が与えられました。

以上のルールで何回も何回も訓練し、本番の実験を行いました。その結果、シクリッドでは足し算（青のマークでの実験）で77%、引き算（黄のマークでの実験）で69%正解したそうです。エイでは、足し算は94%、引き算は89%が正解だったそうです。

魚の「知能」については世界的にも注目される研究を次々に発表してきた大阪市立大学（現 大阪公立大学）の幸田正典氏たちの研究グループは、アフリカの湖に生息するプルチャーという魚が、同種の他個体の顔を認知することを明らかにしました。

プルチャーは湖の浅い場所で縄張りをつくって生活しており、観察していてもいつもの隣の縄張りの個体の場合には比較的寛容に接するのだが、そうではない侵入者のような個体に対しては攻撃を加えることがわかっていました。

研究チームは、「プルチャーの顔には、黄色、茶色、水色の3種の模様があり、それぞれの色の広さや形、配置などが微妙に異なっている」点に目をつけ、複数個体のプルチャーの全身像の写真を撮りコンピューターに取り込み、それぞれの個体の顔の部分だけを切り出して顔とそれ以外の全身とを、実際とは異なる組み合わせで、うまくくっつけてそれを水槽のガラス越しに、プルチャーに見せました。

その結果、縄張りが隣接していて顔を頻繁に見ているだろうと思われる顔の「合成写真プルチャー」に対しては、長く見つめることはなかったそうですが、初めて見ると思われる顔のプルチャーに対しては、「顔見知りプルチャー」の約3倍も長く警戒したときの姿勢や行動を伴いながら見つめ続けたといいます。

実験結果から推察して、プルチャーは相手の顔を約0.4秒で区別していると考えられ、これはホモサピエンスが相手を見分けるのに必要な時間と同じだといいます。

メダカが同種の仲間の顔を見分けることも東京大学の王牧芸氏と岡山大学の竹内秀明氏の共同研究で明らかになっています。さらに、このメダカの場合ではホモサピエンスが顔を上下逆さまにして見せると識別が顕著に難しくなるという「倒立顔効果」がメダカでも確認され、ホモサピエンスで推察されている顔認知専用に構築される脳内神経回路がメダカにも存在する可能性が高く、顔認知の進化的な側面の解明につながる期待がもたれています。

その他にも、魚に「曲芸」を教える際の魚の学習の優れた特性や、一度覚えたことを記憶している時間の記録等、魚の「知能」の高さを垣間見ることができます。

さて、そんな中で「マカジキが体を光らせ、自分の突撃を仲間に知らせる」研究についてです。

マカジキは時速100km以上のスピードで泳ぐことができる世界最速の魚類です。彼らは群れで行動し、イワシ等の獲物の大群を発見するとロケットのように突進し狩りを行います。

ただし、ロケットダッシュで群れから獲物に向かって突進するのは一匹ずつ。もし複数の個体が突進したら、突進したマカジキ同士で長くて鋭い口吻による相打ちが起こってしまう可能性があるからです。互いにコミュニケーションをとりながら、突撃個体を伝え合っているのでしょう。

しかし、どうやってそれを伝え合っているのでしょうか？　そのコミュニケーション法については、これまで不明でした。

2024年、ドイツ・フンボルト大学ベルリンの研究チームは、ドローンを使った研究[①]によって、次のような事実を明らかにしました。それは「マカジキは狩

① Rapid color change in a group-hunting pelagic predator attacking schooling prey

りで、次の瞬間突進する個体のみが体を明るく輝かせ、それ以外の待機組は暗い体色のままで待機している」、「狩りで突進した個体は捕食が終わると暗い体色に戻る」というものです。

より正確な情報を得るため、研究チームは、マカジキが、イワシの群れを攻撃する様子を収めた12本の高解像度ビデオクリップを分析し、現象を確認しました。その結果、体の輝化は、群れの他個体にさまざまな情報を伝えている可能性があり、突進による捕食の機会は群れのすべての個体に公平に与えられていることも含め、狩りのルール等の調整に重要な役割を果たしていると推察しています。

魚の脳の基本的な構造は人間と大きく変わらないことが最近わかり、「知能」と脳構造との関係も今後進んでいくかもしれません。

熱湯でも茹で上がらないエビ

ヨコエビは、温帯や冷帯を中心に、深海から淡水、森、高地まで、広く分布する甲殻類です。

これまで、私はニッポンヨコエビやヒメハマトビムシなど、いろいろなところでヨコエビ類に遭遇してきました。幼いころは、家の裏山にあった谷川の水中や岸辺でよく出会いました。ヨコエビの仲間は川岸に生えるミゾソバの根の中にジッとして潜んでおり、触られると網の目のように張った根を縫うようにして逃げていったものです。現在、学長を務めている公立鳥取環境大学に勤務するようになってからのヨコエビに関する出来事をあげるとしたら、以下の三つでしょうか。

一つ目は、鳥取県の北東部にある、長径5kmほどの楕円形の池でのことです。この池の名前は湖山池といいますが「湖」と考えていただいても全く問題はありません。ただし、「日本一大きな池」というキャッチフレーズは使えなくなりますが……。その池に浮かぶ小さな島があります。この島は長径200m程度の、これまた楕円形の島です。津生島（つぶしま）というこの島の頂上一帯でヨコエビを見つけました。

理由はわかりませんが、土壌は柔らかく、内部には高密度で、大きなミミズがたくさんおり、そのミミズたちによって作られたと考えられる団粒構造が広がっていました。その土壌の中にたくさんのヨコエビがいたのです。

ちなみに、その島には、たくさんのアカネズミもいました。小さな島という孤立化した地域でしばしば起こることですが、アカネズミたちは個体間で遺伝子の多様性がほぼないのです。それに、大きなミミズが大好物のつがいのタヌキと不思議なことに、一頭のメスのニホンジカが棲んでいました。それと大きなアオダイショウが一匹。そんな、動物行動学者にとってはワクワクする島に、たくさんの陸生のヨコエビがいました。島の南向き斜面は、シカが移動できるなだらかな地形で、北向きは、シカは移動できない切り立った地形という特徴的な形状をしておりました。南向き斜面はシカが適度に植物を食し、里山のような疎林の状態になり、北側はシカが影響を与えない鳥取県の低地の極相であるタブやスダジイが優先する林になっていました。いうなれば、植生へのニホンジカの影響を一目で見ることができたのです。

ヨコエビは、山頂の南側に多くいました。落葉樹が多く、林床に多くの枯れ葉が供給されることが関係しているのかもしれません。いずれにせよ、そのヨコエビたちの数にちょっと驚いてしまったのです。

付け加えると、その島には、南向き斜面の中腹に、雨水のたまった直径2mほどの池があり、その池の中には、サンインサンショウウオとアカハライモリという両生類が棲んでいました。とても奇妙な組み合わせで、これにも私は驚かされました。

ニホンジカ、タヌキ、アオダイショウ、サンインサンショウウオ、アカハライモリ、ミミズ、そしてヨコエビが容易に見られる小さな島。そんな島にいる陸上性のヨコエビ。そりゃあ、記憶に残るというものです。

二つ目の記憶は、私が鳥取環境大学に勤務するようになった年、大学キャンパス林を一人で散策していたときのことです。キャンパス林の最も低い谷のようになっている水場で、平たくて大きな石を、湿った地面からはがしたときにペアのヨコエビを見つけました。一匹の個体が上になり下の個体をがっちり抱え込むような状態の2匹のヨコエビでした。私くらいの動物行動学者になると、「一匹の個体が上になり、下の個体をがっちり抱え込むような状態」がなぜ生じているのか、一瞬のうちに理解できます。

上にいるのがオス、下でオスに抱えられているのがメスです。オスは、産卵が間近なメスを、フェロモンによって知覚し、そのメスが他のオスに奪われないように、抱え続けてガードしているのです。やがてメスが産卵するとオスは精子をかけ、メスを放して、次の産卵間近のメスを探しに行くのです。

私は、キャンパス林でもヨコエビが見られるのか！　繁殖行動が見られるのか！　と嬉しく思ったのでした。

三つ目の記憶は、鳥取砂丘の西端にある砂浜での出来事です。

ゼミ生たちと一緒に砂浜に穴を掘って生活するスナガニというカニを調べていたときのことです。スナガニは、日中にも穴から出て、採食などの活動をするのですが、活動の中心時間は夕方から日の出前で、その行動や生態はあまり詳しく調べられていません。

ゼミ生と私は、巣穴の形態やその中での行動、巣穴の外での活動におけるスナガニ同士の相互作用、他個体が掘った巣穴の利用などの実態が知りたかったのです。巣穴を掘ったり、浜辺に腹ばいになって、巣穴から体を半分外に出したスナガニの様子を観察したりしていたときです。

私の目の前で、数匹のヒメハマトビムシがうろうろしていることには気がついていました。ヒメハマトビムシは、体を横向きにして移動することはありませんが、ヨコエビの仲間で、体の特徴はヨコエビの様相を呈していました。そんなとき、どこからともなく、翅が生えた黒いアリが飛んできて浜辺に降り立ったのです。こうしたアリは巣内が狭くなりすぎるくらい個体が増えたときに出現し、新しく巣を作る場所を探して飛び立つ個体です。すると、なんとヒメハマトビムシが、ライオンが群れから離れたレイヨウに飛びかかるように、その翅アリに飛びかかり捕食し始めました。私は、エッと驚いて、スナガニから目を離しヒメハマトビムシを見つめました。

浜辺に打ち上がった海藻やカニの死体などを餌にする雑食性の甲殻類、どちらかというとハサミムシやハネカクシといった浜辺の肉食動物に捕食される被捕食者という印象を持っていたヒメハマトビムシのライオンのような捕食行動に驚いたのです。

さて、そろそろ本題に入りましょう。「52℃の熱湯でも茹で上がらない温泉に棲む新種ヨコエビが発見された」話です。発見されたのは南米ペルーにある「インカの温泉」と呼ばれる場所で、①発見したのは広島大学とペルー国立カハマル

① Description of a new thermal species of the genus Hyalella from Peru with molecular phylogeny of the family Hyalellidae (Crustacea, Amphipoda)

カ大学の共同チームです。

52℃という温度は、ヨコエビが生息できる水温の世界最高記録だそうです。現在、世界でヨコエビは約1万種が知られていますが、今回発見された熱湯ヨコエビは新種でした。研究者の一人の娘さんの名前をとって学名は *Hyalella yashmara* とされたこの熱湯ヨコエビは、逆に低温の水だとどれくらいの低さまで耐えられるのか、研究チームが調べたところ、19・8℃までであれば生きられることが分かったといいます。私が幼年〜少年時代に過ごしていた山村では、ヨコエビが生息していた水の温度は、夏でも10℃以下だっただろうと思いますが、このヨコエビ、*Hyalella yashmara* は熱湯中でも生きられますが、普通のヨコエビより低温には耐えられないようです。

では、そもそもなぜ、甲殻類の仲間は、通常は熱湯で茹で上がってしまうのでしょうか。たとえば、冬が旬のズワイガニは、52℃の熱湯に入れておくと茹で上がり、ハサミの筋肉は白っぽくなります。

化学的な視点から言うとそこではタンパク質の構造変化が起こっています。タンパク質は、20種類のアミノ酸がさまざまな順序で鎖のようにつながって、それぞれ特有な性質をもった構造体になっています。アミノ酸の数は、少ないもので数十個程度、多いもので数万個です。

たとえば、筋肉を構成するタンパク質としてはアクチン、ミオシン、タイチンなどがあり、ウサギのアクチンは378個のアミノ酸が連なってできており、具体的なアミノ酸の配列は「アスパラギン酸－グルタミン酸－アスパラギン酸－グルタミン酸－トレオニン・アラニン・ロイシン・バリン・システイン……」といった具合です。これらのアミノ酸の配列は、遺伝子（DNA）がちょうど設計図のように4種類の塩基、アデニン、グアニン、チミン、シトシンの文字で指定されています。

それぞれのタンパク質が、それぞれの働きを行うことができるのは、「アスパラギン酸・グルタミン酸・アスパラギン酸・グルタミン酸・トレオニン・アラニン・ロイシン・バリン・システイン……」といったアミノ酸配列鎖の中で、たとえばグルタミン酸とシステインとが化学的性質によってくっつきやすくなっているとすると、鎖の一部がループ状になるのです。そういったことがそこかしこで起こると、タンパク質は、それぞれに特有な立体的な構造になります。またそのタンパク質の色も、立体構造が、さまざまな波長の光をすべて通せば透明になり、すべてを反射すれば白色に見えます。どんな可視光を反射し、どんな可視光を通過させるかによって、そのタンパク質は何色に見えるかが決まります。

ところが、通常のタンパク質は40℃以上の熱に持続的にさらされると、くっついていたアミノ酸同士が離れたり、鎖のように連なっていたアミノ酸が途中で切れたりして、元の立体構造が無秩序に崩れていきます。この変化を変性と呼ぶのですが、すると当然のことながら、タンパク質は本来の機能を失うことになります。

では、今回発見された熱湯ヨコエビが、52℃という熱湯の中でも生きていける、つまりタンパク質が変性しない理由は何なのでしょうか。

申し訳ないのですが、「まだ、よくわかっていない」というのが率直なところです。

実は、100℃近い高温水の場所でも生息できる生物は、細菌類をはじめとしてかなり知られており、その温度耐性の研究は以前から進められています。そこから得られている知見も考慮しながら「熱湯ヨコエビが、52℃という熱湯の中でも生きていける、つまりタンパク質が変性しない理由」を考えると、次のような仮説か浮かんできます。

仮説①タンパク質を構成するアミノ酸の配列が、特異的で耐熱性に優れている。
仮説②「分子シャペロン」と呼ばれる（これもまた）タンパク質が存在し、このタンパク質が、変性したタンパク質を取り込んで、元のタンパク質の構造に戻すという仕組みをもっている。

分子シャペロンは、熱湯ヨコエビの細胞内ではまだ見つかってはいませんが、存在可能性はある、と研究者たちは考えています。

Column②

進化の話②　サイの角が小さく進化!?

サイは約4700万年前に祖先種から分岐し、多様な進化を遂げてきました。絶滅したものや化石で見つかるものを含めると50種を超える種の存在があげられています。

しかしその多くは絶滅し、現在はアフリカ大陸のシロサイとクロサイ、インド北部～ネパール南部のインドサイ、マレーシアの一部地域のジャワサイとスマトラサイの5種しか生き残ってはおらず、その5種も個体数が減少し続けています。

減少の主な理由は、我々ホモサピエンスによる、高価で売れる角を得るための密猟が盛んに行われたことだと考えられています。

そして、それは現存するサイの角のサイズにも影響を与えています。

イギリス・ケンブリッジ大学の研究チームは1886年から2018年にかけて撮影されたサイ80頭の写真を対象に角の長さを測定しました。その結果、5種すべてのサイにおいて、時代とともに体の大きさに対して角が短くなっていることが明らかになりました。①その理由を研究者たちは次のように考えています。

「角を得るための密猟では、角が大きいサイのほうが狙われやすい。すると、角が比較的短いサイが残り、それらが繁殖して生まれる子どもの角は短くなる。」

これは、ホモサピエンスの密猟という環境特性のもとで起こった進化と言えます。

ある環境条件の中では増えるものが増え、減るものが減ります。生物の進化とはそういうもの、いやただそれだけのもの、と言ってもよいでしょう。

---

① Image-based analyses from an online repository provide rich information on long-term changes in morphology and human perceptions of rhinos

以下では、最近話題になることが増えている「ホモサピエンスは、都市化による快適さの欲求や可愛いらしいものを求めそれを近くに置きたいという欲求等によって自分たち自身がつくった環境の中で、家畜化されている（自己家畜化）」という推論について私が感じることを述べてみましょう。ついでに、やがて我々ホモサピエンスはAIに家畜化されるのではないかといった想像についても触れたいと思います。たとえば、AIによって遺伝子操作され、AIの増殖に合致した行動をとるようなホモサピエンスが増やされるのではないかというようなお話です。

まずは、「生物」を次のように定義しましょう。

「変異を起こしつつも他の構造体とも連携しながら、概ね自分のコピーを増やす能力を有し、実際にかなり長い期間増え続けている構造体」

この定義によると、サイは生物であると言えます。ブタは、家畜と呼ばれホモサピエンスに餌を与えられますが、自分のコピーを増やす能力を有しているので生物と言えます。コメも、穀物と呼ばれホモサピエンスに世話をされますが、自分のコピーを増やす能力を有しているので生物と言えます。一方、ホモサピエンスにコピー機でコピーされる資料は、ほぼ100%、ホモサピエンスの行動に依存しています。つまり自分のコピーを増やす能力を有していないので生物ではありません。ウイルスは、他の生物の能力もかなり借りますが、自分のコピーを増やす能力もかなり有しているので生物と言えます。

そして、「進化」という現象は、多少の変異もしながら自分のコピーが増える生物が増え個体数が減っていく生物がいなくなっていく、ただそれだけのことです。もちろん、その「親のコピー」である個体は、淡々と生物であることを続かせるだけではなく、たとえばホモサピエンスのように、自分は何者かとか、生きる目的は何かといった一見、個体の生存・繁殖には関係しないように思われる問いを脳内で意識することもあります。

化石として15種くらいが知られているティラノサウルスは、かなり長い期間、概ね自分のコピーを増やし続けましたが、環境の変化に適応できずコピーの数が減っていきいなくなりました。

ギニア虫が引き起こすギニア虫症という病気があります。ギニア虫の幼虫がミジンコに取り込まれ、そのミジンコがいる場所の水を飲んだホモサピエンスの体に幼虫が入り成虫になり、成虫がホモサピエンスの体外に幼虫を産むというメカニズムです。成虫は、ホモサピエンスの体の中で活動するとき、ホモサピエンスの体にさまざまな炎症を引き起こします。この病気を防ぐため、ホモサピエンスは衛生的な水を飲むように心がけ、また殺虫剤を水に撒くといった行為を拡大し、現在ではギニア虫は地球上からほとんどいなくなったと考えられています。これも進化でありホモサピエンスが行為に関する環境を変化させたためギニア虫がほぼ絶滅したのです（完全な絶滅ではありませんが）。

結論として、私は、家畜化が特別な進化ではないと主張したいのですが、以上の例に加え、宿主に寄生したり互いに共生したりしている生物同士の進化を見れば「家畜化」が特殊なものではないことと感じることができるのではないでしょうか。

アリとアブラムシの関係は、読者の方たちもよくご存じでしょう。アブラムシが植物の師管を流れる糖分を吸収して、一部を肛門から出すのですが、テントウムシやアブ、数種のハチなどがアブラムシの群れに近づくと、アリが攻撃して追い払います。さまざまな種のアリとアブラムシが共生関係を築いていますが、その共生の中には、アリ本来の個体数が増えすぎてくるとアブラムシの背側に翅が生えた個体が現れ、その個体が離れた場所の植物に移動するという現象を避けるためにアブラムシの翅を切り取る場合もあります。要はアブラムシを飛んでいけないようにして、アリたちの糖分の摂取量が減らないようにするためです。あるいは、冬にはアブラムシの卵をアリ自身の巣に持ち帰り、春になったら植物の茎まで戻すアリとアブラムシも知られています。この話だけ聞くと、アリがアブラムシを利用しているように思えるかもしれませんが、アブラムシがアリを利用するような特性に進化したとも言えるのです。アブラムシの変化によってアリの側にこういった行動が起こるようになったに過ぎません。ちなみに、“ 変化 ”は、アブラムシがそのように変わろうと思って変わるのではありません。生物の設計図になっている遺伝子であるDNA あるいは RNA の分子構造がランダムに変化し、さまざまな変化タイプの中で、アリと共生関係が発生するような変化タイプが、アリの側にこういった行動を引き起こす結果になったというだけのことです。

こういった関係は、“ 家畜化 ”された、たとえば、ニワトリとホモサピエンスの場合と同じでしょう。

いずれの場合も、増える生物が増え、増えられない生物は減少していくということです。それが進化という現象なのです。ニワトリとホモサピエンスの場合も、どちらがどちらを利用しているという問いはナンセンスだと考えます。

この論考は、やがて、我々ホモサピエンスは AI に家畜化されるのではないかといった想像についても同様に通用します。たとえば、AI によって遺伝子操作され、AI の増殖に合致した行動をとるようなホモサピエンスが増やされるのではないかという想像です。

AI が生物かどうかについては、それがどんな AI かによって違ってくると考えます。しかし、もしその AI が、「変異を起こしつつも、他の構造体とも連携しながら、概ね自分のコピーを増やす能力を有し、実際にかなり長い期間増え続けている構造体」という条件を満たせば、生物をそういう条件を満たす構造体と定義した、あくまでも私にとっては、その AI は生物と言えます。そしてそれは、AI とホモサピエンス両方にとっての進化と言ってよいと思います。

そもそも、我々ホモサピエンスの体内に入り「変異を起こしつつも他の構造体とも連携しながら、概ね自分のコピーを増やす能力を有し、実際にかなり長い期間増え続けている構造体」は、最近の研究でかなりいる可能性が高いことが示されつつあります。その一つが、インフルエンザウイルスです。

インフルエンザウイルスは、ホモサピエンスに感染して 2 日から 3 日後の、まだ症状が出る前に最もうつりやすいことがわかっています。そしてその期間は咳も出やすく気分がハイになって誰かと話をしたいような気分になる傾向があることもわかりました。

つまりインフルエンザウイルスは、感染したホモサピエンスの体内に入り、他のホモサピエンスに感染するように（そして、そこでも自分のコピーが増えるように）、ホモサピエンスに、"操作"という言葉で表されるような影響を与えている可能性が高いのです。詳細な検証実験は現在ニューヨーク州立大学ビンガムトン校のクリス・ライバー氏らによって行われています。

ちなみに、同じように寄生虫が宿主の脳や感覚器に働きかけて、自分が増えやすいようにしている確実な例はたくさん見つかっています。それは特別なことではなく、生物の進化の一例に過ぎないのです。

そして、さらに踏み込めば、ホモサピエンスも含めた生物個体は、遺伝子という、その個体を設計する寄生虫のようなものによってつくられた乗り物であり、遺伝子は乗り物が滅んでしまう前に、新しい乗り物、つまり子どもに乗り換えて増えていく最も小さな生物と考えてもよいでしょう。

個体は、遺伝子を取り巻く環境（ホモサピエンスの場合なら、適度な食塩濃度の生理的食塩水や温度など）を整え、遺伝子は個体が食べられたりするのをできるだけ防ぎ繁殖がうまくいくように、配偶者選択をさせたり繁殖行動をさせたりします。鳥類や哺乳類では大抵の個体に、子育てという行動もとらせます。遺伝子から見ると、個体はまさに、自分を増やすための専用の乗り物！と言えるのです。

以上、いかがでしょうか。

「家畜化も進化の一つである」こと、「AIによるホモサピエンスの家畜化が仮に起こったとしても、それも結局は進化の一つである」という私の極論（でも理論的には筋が通っている）をどう感じられたでしょうか。

もちろん、私は、それを知ったうえで、たとえば遺伝子の裏をかいて自分が幸せを感じるような生き方がしたいと思っていますが……。

3章

生き物たちの生存戦略

進化のいたちごっこ

カッコウと托卵先の鳥の騙し合い

読者の皆さんも「カッコウの托卵」の話はご存じでしょう。

カッコウは他種の鳥、たとえばウグイスの巣に卵を産みつけ、仮親、つまり巣の本当の鳥に温めさせ、孵化後は餌も与えさせます。この一連の現象が「托卵」と呼ばれます。もちろんそのように托卵される鳥の個体数は少数ではあるのですが、場合によっては、本当のヒナや卵を巣から外へ落としたりすることもあるのです。ちなみに日本では、托卵をする種はカッコウ以外にもホトトギス、ツツドリ、ジュウイチが知られています。

この「托卵」には、我々ホモサピエンスという種も生み出した「進化の仕組み」をしっかり理解させてくれる「教材」がたくさん詰まっています。

「進化の仕組み」とは、簡潔に言えば次のように表現できます。

2章やコラム②でも述べましたが遺伝子は設計図そのもので、自分（遺伝子）のコピーを次世代以降に増やしてくれる乗り物としての個体をつくり、その個体は生存・繁殖がうまくできるように設計されています。我々ホモサピエンスという個体も、ホモサピエンスの遺伝子がつくって操る乗り物です。

遺伝子は、「子ども」という新しい乗り物に乗って、古い乗り物が壊れて消え去る前に脱出して世代を超えて増えていきます。いっぽう、遺伝子に書き込まれている設計図は分子のつながりなのですが、その分子がいろいろな事情でやむなく変化してしまうことがあり、そうすると設計図の内容が変化してしまうのです。変化した設計図（遺伝子）のほとんどは、へんてこな乗り物（個体）しかつくれず、次世代以降に残れないのですが、極々稀に、現在の設計図より生存・繁殖がうまい乗り物を設計する遺伝子ができることがあり、そのような遺伝子は現在の遺伝子より、次世代以降でより多く増え、現在の遺伝子に置き換わることがあります。つまり、乗り物である個体も新しい遺伝子に設計されたものに置き換わるわけです。その積み重ねで、遺伝子、つまり設計図が、ある程度元のものと変わり、構造や行動などもある程度変わった個体を生み出し、それが「新種」と呼ばれることもあります。そのような仕組みで、遺伝子やその乗り物である個体が変化していきます。この連続する流れが「進化」と呼ばれているわけです。

さて、こうした進化の仕組みを考えると当然のことですが、カッコウに托卵された側の鳥にとっては、自分の遺伝子をもった子ども、つまり、遺伝子としては、自分のコピーを増やすうえでは、カッコウの卵の保温、孵化したヒナへの餌やりは全く無駄な作業でありエネルギーの浪費であると言えます。

特に、托卵が成功して仮親の卵の中に紛れ込んだカッコウの卵の中の胚は、大抵仮親の卵の中の胚より発生が早く、一足先に孵化してヒナとなり仮親のまだ孵化していない状態の卵を巣から外に落としてしまったり、仮に孵化していたとしても、そのヒナを外に落としてしまったりすることが知られています。もうこうなると仮親は、自分の遺伝子の入っていないカッコウの子どものためだけに自分のエネルギーを使うことになるのです。

それなら！　もし、托卵された卵や、その卵から生まれたヒナを見分けて、それを排除する性質を備えた個体＝乗り物を設計する遺伝子ができたら、その遺伝子のほうが、無駄なエネルギー消費をする乗り物を設計する遺伝子より断然増えやすくなるはずです。「進化の仕組み」からそう予想できます。

では実際にはどうでしょう。

カッコウが托卵する鳥は、ムシクイやヨシキリなどですが、実際に、ムシクイやヨシキリの中には托卵するカッコウの卵やヒナを見分け、それらを巣から排除する行動が出現してきているのです！　進化の仕組みによってそのような行動が表れてくるには、偶然の遺伝子の変化を待たなければならないので、時間がかかったでしょうが。

話はまだ終わりません。

「進化の仕組み」から考えると、今度はカッコウの側でも次のような遺伝子を

托卵先の親鳥は
カッコウのヒナを見分け
巣から追い出すようになる
遺伝子を獲得する
コノヤロー！
お前はちがうだろー！
ぐえ〜
カッコウのヒナは
托卵先の卵やヒナを
巣から追い出してしまう
全部うちの子？
?! わからん…
ママー！
じゃま
ポイ
カッコウのヒナは托卵先のヒナの模様に似せる
遺伝子を獲得して追い出されないようにする

もった個体が増え始めるはずです。

どのような遺伝子かというと「仮親となる鳥の模様に似せた模様をつくる遺伝子」です。ちなみに一匹のカッコウは特定の種に托卵し、卵やヒナの模様は種によってだいたい模様が決まっています。

そういう遺伝子ができると、その遺伝子をもつカッコウは、仮親にカッコウが托卵してもその卵やヒナの正体を見破られる可能性がぐっと下がるので、巣から放り出されることは減るでしょう。つまり、進化的に残る可能性はぐっと高くなるはずです。

実際、アカメテリカッコウは自分の卵やヒナが、ハシブトセンニョムシクイのものによく似た色模様になるような遺伝子をもっています。（両者の卵やヒナは色模様がよく似ているのです）。ヨコシマテリカッコウも、卵やヒナがコモントゲハシムシクイの卵やヒナの色模様に似ている個体が増えています。これはまさに進化が起きているということです。

こうして、進化は続いていくのです。何やら、「軍拡競争」のようでもあります。それは当然のことです。どちらも「進化の仕組み」に従った進化なのですから。そして、我々ホモサピエンスも進化の産物です。そういった目でホモサピエンスを見てみると、いろいろおもしろいことに気がつくことができるし、ホモサピエンスについての理解は深まっていきます。

「コウモリと蛾」をめぐる軍拡競争のような進化

さて、先ほども述べましたが、進化とはまるである国の軍が別の国の軍より軍事面で優位に立とうとする軍拡競争のように思えるかもしれません。しかし、進化という現象、あるいは進化の仕組みを考えると、カッコウと托卵先の鳥のように特定の動物だけが「軍拡競争」のようになっているわけではありません。少なくとも捕食者と被食者（捕食される側）の間では、必ずと言ってよいくらい軍拡競争のように見えることは起こっているのです。

コウモリと蛾の軍拡競争の例を紹介しましょう。コロナウイルス感染症以降、ますます悪者のように言われるコウモリですが、我々ホモサピエンスを苦しめることが知られている約１４１５種類の病原体のうち、コウモリを宿主とするものは2％未満であり、約59％はコウモリやホモサピエンス以外の動物を宿主としています。残りの39％は動物由来ではないか、ホモサピエンス自身を宿主としているものなのです。それどころか、ホモサピエンスが生きるために不可欠な自然生態系の維持にとってコウモリが果たしている役割はとても大きいのです。

たとえば、20年近く前、ヨーロッパから持ち込まれたと考えられている真菌類、シュードギムノアカス・デストラスタンスによって北米の洞窟性のコウモリ数百万匹が死亡する出来事がありました。体力が落ちている冬眠中に鼻部に広がり洞窟の天井から落ちて死んでいきました。感染した個体は鼻部が白くなるため白鼻症候群と呼ばれました。

コウモリの減少に伴って起こったことは、穀物に被害をもたらす昆虫類の激増です。農家の人たちはとても困り、白鼻症候群に感染したコウモリを連れ帰り、体を温めて餌を与え、回復させたといいます。

この出来事は、我々に、コウモリたちが生態系の維持に寄与している役割の極々一部を教えてくれました。

ちなみに、アメリカで白鼻症候群が猛威をふるっていたとき、私は鳥取県の西部にある旧トンネル内で4種類のコウモリが冬眠する場所を環境教育の拠点にする提案を行い、地元の方たちとコウモリを見に行ったり、話し合いをしたりしていました。ちょうどそんなとき、なんと旧トンネルで冬眠をしていたコウモリの中に鼻部が白くなって落下する個体が数匹見つかったのです。もしそれが、白鼻症候群だったとしたら日本で初の被害事例になります。
そこで真菌のDNA分析を行ったところ、幸い白鼻症候群の真菌ではないことがわかり、旧トンネルでの被害も、それ以上増えることはなく胸をなでおろしました。

「コウモリと蛾の軍拡競争」の話に戻りましょう。
私は、軍拡競争という言葉は嫌いですが、確かに自然界では、次のような仕組みで進化は起こるので、捕食者と被食者の間で軍拡競争のような生物の変化は生じてしまいます。

DNA（デオキシリボ核酸）やRNA（リボ核酸）と呼ばれる長い分子からなる遺伝子は、外界からの刺激や細胞が分裂するときに起こる遺伝子のコピーのミスによって、どうしても変異した遺伝子、つまり設計の内容が少し違った遺伝子が、頻度は低いですができてしまいます。

その変異のほとんどは、遺伝子を設計図にして出来上がる個体の生存・繁殖に有害であったり中立（良くも悪くもない）であったりするのですが、稀に有利になる変異が起こることがあります。

その生存・繁殖に有利な遺伝子というのは、個体の体の構造や模様、変異部分が脳の神経系の構造に関わる部分であるときには行動に変化をもたらし、被食者の場合、今までより効果的な防衛行動を行うようになります。ところが、捕食者のほうでも遺伝子の変異はまた起きるので、「今までより効果的な防衛行動」を、あるいはしのぐような捕食行動を行う個体が現れます。そうすると今度は、被食者の側でも……。

このようにして遺伝子の変化を伴う形態や行動の変異は、いつまでも続いていくので、捕食行動とそれに対する防衛行動は、軍拡競争のようにいつまでも、そして、現在も続いている。というわけです。

具体的な「コウモリと蛾」の軍拡競争を見てみましょう。

コウモリは、1章でも紹介しましたが大型コウモリと小型コウモリに分けられ、小型コウモリのほぼすべての種は超音波を発しています。

ほとんどの種では超音波を口から発し、対象物に当たって反射してくる超音波を耳で感知、脳内で情報処理して対象物の形状・位置・動く速さ・方向等を把握しています。そんなことができるのか、と思われる方もいるかもしれませんが、ホモサピエンスでは「対象物から反射してきた光」を使い、コウモリでは「対象物から反射してきた音」を使う、というそれだけの違いなのです。

コウモリたちが外界の認知に超音波を使うのは、彼らが夜の闇の中で、空中を飛んで昆虫を主食にすることが多いからであり、もちろん飛翔のための翼もそのためのものです。進化的に言えば、コウモリが出現するまで夜の空中の昆虫を餌にする動物がとても少なかったため、コウモリは大きな「市場」を手に入れたというわけです。だからこそ、哺乳類の中で齧歯類に次ぐ種数（約１１００種）を抱えるまでに増えることができたのです（現在は減少しつつありますが……）。

さて、これがコウモリの基本的な捕食行動だとしたら、被食者である昆虫で

は、どんな防衛行動が進化したのでしょうか。

まだ十分、わかっているとは言えませんが、コウモリが遺伝子の変異によって装備した超音波に対して昆虫が対抗して装備した防衛行動を大まかに分類すると、①意外な動き、②おとり、③撹乱（かくらん）、④毒（もっているぞという警告）、⑤（危険な動物に似る）擬態、の5つがあると思われます。ちなみに夜、空中にいる昆虫というと、蛾の仲間が圧倒的に多いです。

①意外な動き（撹乱も含む）

ヤ蛾類、シャク蛾類、メイ蛾類、ツト蛾類などは、自分たちは発することがない超音波を感受できる器官を持っています。それはコウモリが発する超音波を知覚するためであり、コウモリからの超音波を知覚すると、蛾たちは、突然らせん状に飛び始めたり、飛翔をやめて自然落下したりします。コウモリは、移動する対象物から反射してきた超音波を感受しそれを脳内で処理して対象物の一瞬後の位置を予想して捕獲しようとするのですが、蛾たちのこうした突然の動きの変化はコウモリの予想とは違ったものになり捕獲は失敗してしまいます。

②おとり

蛾の中では体が大きいヤママユ蛾の一種では、翅の外周あたり、特に、頭・胸・腹部＝本体から最も離れたあたりはコウモリからの超音波を反射するのですが、本体部分は超音波を吸収し反射しないようになっています。おそらく、鱗粉の形状や向きがそれを可能にしているのでしょう。したがって、コウモリが攻撃を仕掛けても、コウモリが噛みつくのは、命に関してはもちろん、飛翔についても致命傷にはならない末端部の損傷で済んでしまうのです。

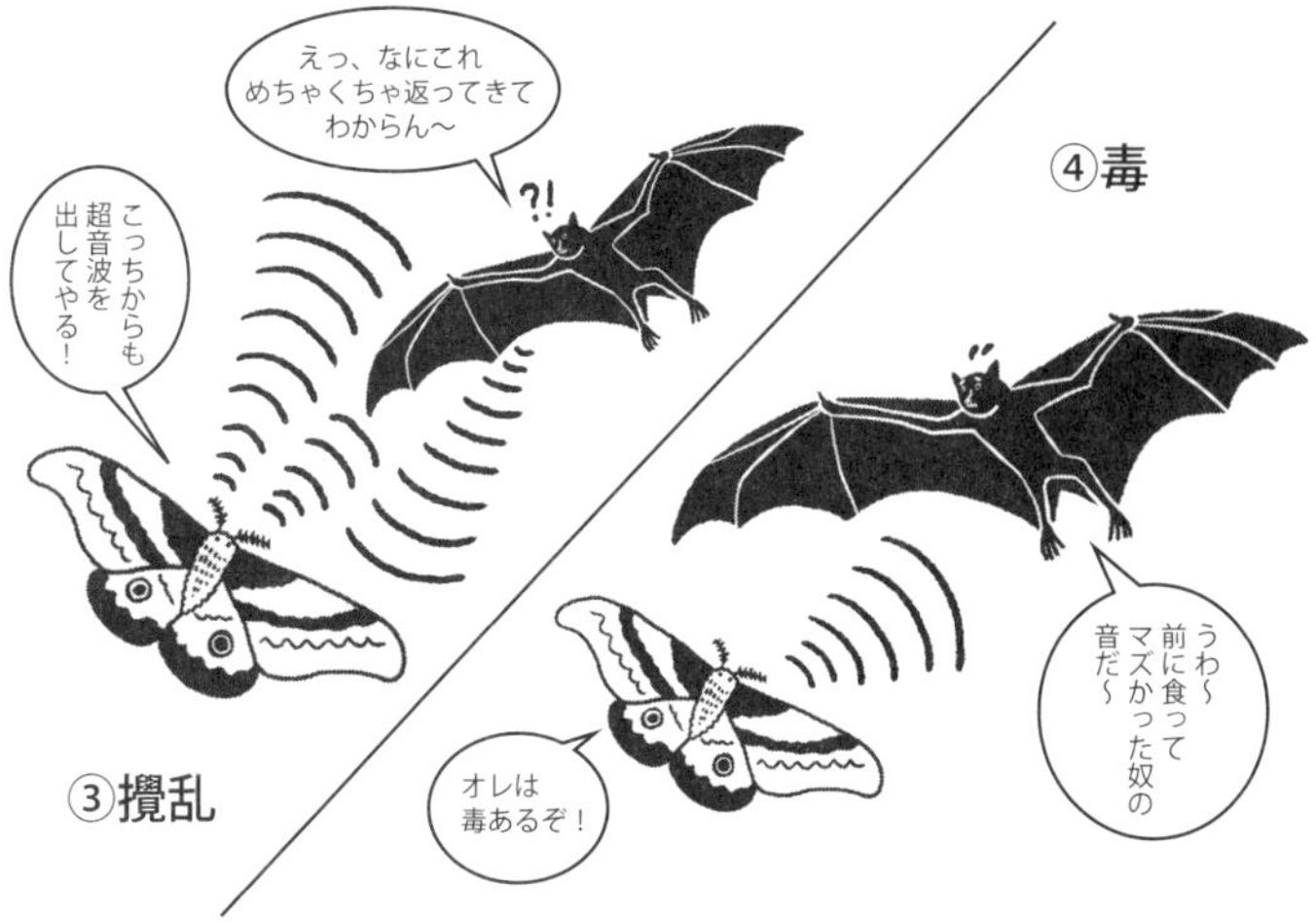

③攪乱

ボルネオ島のスズメ蛾の一種は、生殖器を振動させてコウモリからの超音波に重ねるような超音波を発し、その結果コウモリの「反射してくる超音波を感受して対象を認知する」という捕食戦略を攪乱させ失敗させているといいます。

④毒（もっているぞという警告）

蛾や蝶の中には、主に視覚によって狩りをする鳥類や爬虫類、両生類に対して、毒を有し、そのうえで派手な色模様を身にまとい、捕食者が一度口に入れても毒の味により吐き出させ、かつ記憶に残りやすい「派手な色模様」を学習させ、以後の攻撃をためらわせる戦略をとるものがいます。仮に、自分は捕食者の消化管内で命を落としても、毒の作用で捕食者にダメージを与えられれば、捕食者側に学習が起こり自分の遺伝子のコピーをもった血縁個体が助かることになるわけです。

これと同じことが、蛾vsコウモリにおいても起こっています。

ヒトリ蛾は、コウモリが嫌う化学物質（毒）を生産し、コウモリからの超音波を感受するとコウモリによく聞こえるような超音波を自ら発することが報告されています。コウモリは見た目ではなく、音を頼りに狩りをするため、被食者の側も音で警告を出すわけです。ヒトリ蛾の毒については、まだ解明はされていませんが、神経毒の作用をもつコリンエステルではないかと考えられています。観察によれば、ヒトリ蛾を避けるコウモリが多く、口に入れたコウモリもいましたが、すぐ吐き出したといいます。後者のコウモリは、ヒトリ蛾が発する超音波を学習していると推察されます。

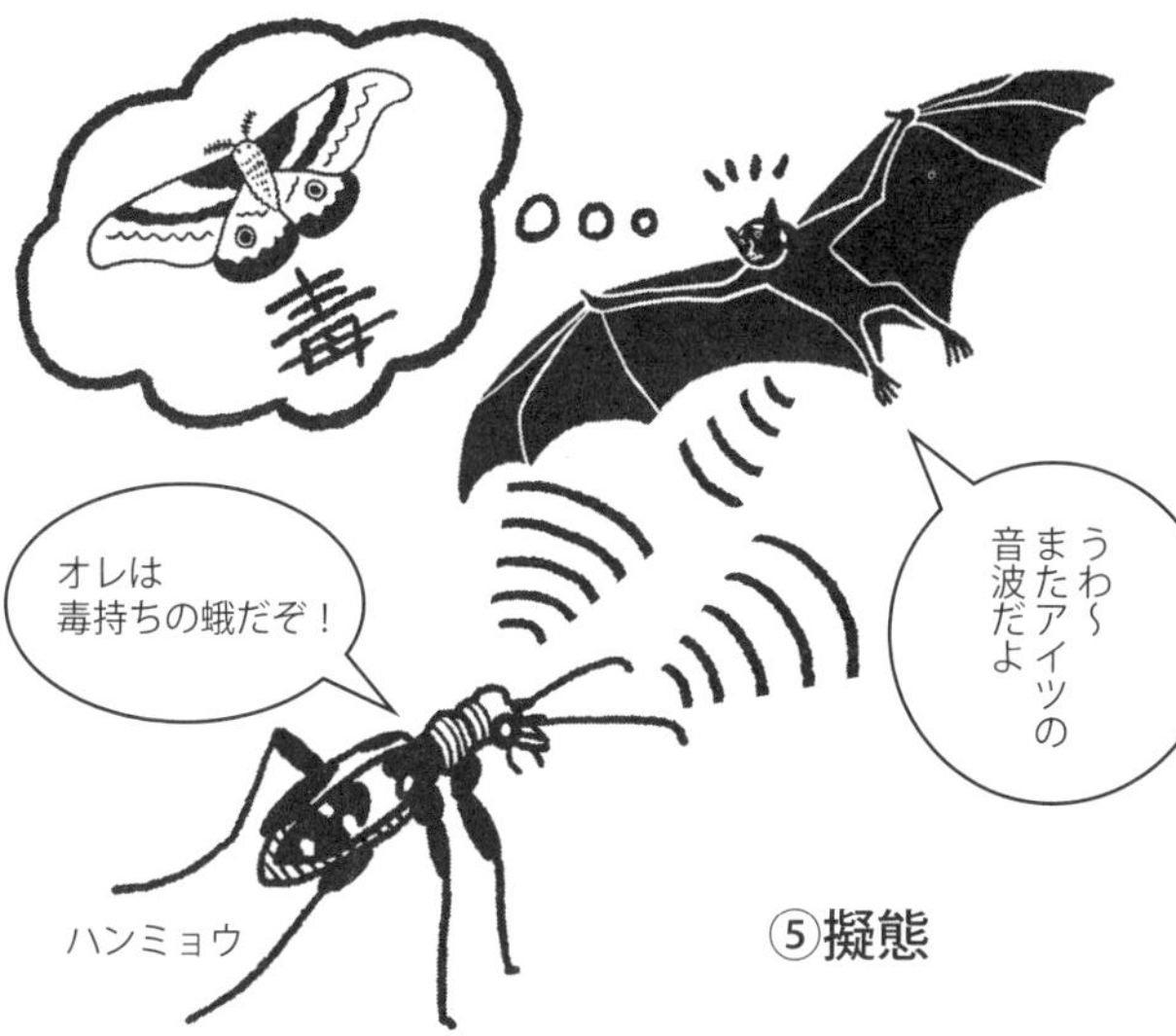

⑤擬態

⑤（危険な動物に似る）擬態

長年、研究者たちはハンミョウについて疑問に思ってきました。

「なぜ夜行性のハンミョウのみが超音波を発するのか？」

この現象が徐々にはっきりとした傾向であることが明らかになってきたとき研究者たちは二つの説を考えました。

一つ目は、「夜行性のハンミョウだけが発する超音波は③の攪乱のように、コウモリの捕食戦略を攪乱させているのではないか」というもの。そして二つ目は、「毒性物質をもっている種類のハンミョウも多くいるため、コウモリに対して、④の毒のように自分が毒を持ったハンミョウであることを知らせる超音波を発して捕食から逃れる」というものです。

しかし、実験も含めた考察の結果、どちらの仮説も間違っていることがわかりました。

前者の説、③のようにコウモリが発する超音波を攪乱させているのではないかという可能性については、ハンミョウが発する超音波を分析すると攪乱ができるような性質の超音波ではないことが明らかになりました。

また、後者の説、④のような「毒をもつことの宣伝・警告」説については、超音波を出せないようにしてハンミョウを提示しておくと、コウモリはハンミョウを躊躇（ちゅうちょ）することなく食べきり、その後、吐き出したり、体調を崩したりすることは認められなかったといいます。

そんな中で、アメリカ・フロリダ大学のJuliette Rubinとアメリカ・ボイシ州立大学のJesse Barberは、ハンミョウが発する超音波の周波数が、コウモリが嫌う毒性物質をもつヒトリ蛾が発する超音波の周波数と見事に一致することを見出しました。①

つまり、夜行性のハンミョウは、毒をもつヒトリ蛾が発する超音波とよく似た超音波を発することによって、「虎の威を借る狐」というか「自分を虎と思わせて威を放つ狐」のように「ヒトリ蛾の威」を利用しているということです。視覚で狩りが行われる領域では、毒をもつウミヘビの体の模様に、毒をもたないウミヘビの体の模様が似ることによって生き延びるケースや、大型のオオスズメバチに体全体の色が似ることによって捕食者からの攻撃を避けるトラカミキリなど、たくさんの事例が知られています。こういう戦略を「(危険な動物に似る)擬態」と呼んでいます。

ここで述べたような、昆虫の①〜⑤のような戦略に対して、コウモリは、やがてまた、対抗手段を進化させるでしょう。いや、すでにそれは起こりつつあるかもしれないのです。

遺伝子の変異は起きてしまい、その中で昆虫の戦略を少しでも乗り越えるような行動をとるようになった個体が増えていってしまうのですから。それが、地球

① Tiger beetles produce anti-bat ultrasound and are probable Batesian moth mimics

に存在して、進化の産物でもある我々ホモサピエンスが、生命（体）と呼んでいる構造体の必然であるのですから。その「必然」の、あるケースを取り上げて我々は「軍拡競争」と呼んでいるのです。

コウモリはスズメバチの真似でフクロウを撃退

もう一つコウモリの話を紹介しましょう。コウモリの捕食者はフクロウなどの猛禽類ですが、コウモリはスズメバチの羽音を真似てフクロウを撃退するそうです。

その論文①の正式なタイトルは「コウモリは捕食者から身を守るため、膜翅目に属する、ある昆虫が出す音を真似して発声する」というものです。著者であるイタリアの生物学者ダニーロ・ルッソ氏たちは「この研究に関する取材の中で、私の知る限り、哺乳類における音響的な擬態の最初の記録だ」と述べています。

さて、これを読んだとき私の胸（正確には脳）の中には、私がこれまで行った研究に関する記憶が興奮気味によみがえってきました。その記憶については最後にお話しするとして、本題である「コウモリはスズメバチの羽音を真似てフクロ

① Bats mimic hymenopteran insect sounds to deter predators

ウを撃退する」の内容について説明しましょう。

ルッソ氏は、共同研究者たちとともにヨーロッパに広く分布するオオホオヒゲコウモリを実験のために網で捕獲し網から出そうとしたとき、コウモリが独特の音声を発するのを聞いたそうです。その音声は、クロスズメバチ属とホオナガスズメバチ属のスズメバチの羽音とよく似ていました。その後、彼らは数年間野生のオオホオヒゲコウモリの捕獲を続け、多くの個体が、「スズメバチの羽音」に類似の音を発することを確認しました。そして、ルッソ氏たちは次のような仮説を立てました。

コウモリの天敵である多くの種のフクロウは、強力な毒をもつ種が多いスズメバチを嫌がることが知られています。したがって、オオホオヒゲコウモリは、そのフクロウの特性を利用し、スズメバチの羽音を発しフクロウから身を守っているのではないか、と。

そしてルッソ氏たちは、この仮説を検証するため、オオホオヒゲコウモリの「スズメバチの羽音」の類似音を録音し、まず、ヨーロッパ原産のモンスズメバチの羽音とオオホオヒゲコウモリの「スズメバチの羽音」の類似音をソナグラム（音の情報を三次元のグラフで表したもの）に変換して可視化し比較しました。その結果、両者の音は少なくともフクロウが知覚できると考えられる波長の音については、実によく似ていることが明らかになりました。

ちなみに、一般的にコウモリは、ヒトやフクロウには聞くことのできない高周波音＝超音波しか出せないと思われていますがそれは間違いです。私は、コウモリの研究でこれまでほとんど手をつけられてこなかった嗅覚、たとえば彼らの天敵であるテンの匂いに対する防衛反応などについて調べてきましたが、ほとんどの洞窟性コウモリ（ユビナガコウモリ、キクガシラコウモリ、モモジロコウモリなど）は、私が彼らを実験装置の中に移動させるとき、チッ！という、私にも十分聞こえる音（可聴音）を何度も発します。可聴音、つまり超音波より低周波の音を発するときの様子も加味して、「放せ！」という威嚇的な音声だと私は思っています。多くの齧歯類も追い詰められたり、実際に捕らえられたりしたときは威嚇的な音声を発します。コウモリも同じなのではないでしょうか。もしそうだとしたら、そもそも超音波を知覚できない捕食者に対して、可聴音を発することができなければ、発声による防衛など全く意味を持たないはずです。超音波では、捕食者に何も伝わらないのですから。

洞窟性コウモリではありませんが、日本では発見されることが稀なオヒキコウモリは、飛翔中にチッ、チッという可聴音を発します。コウモリは、ざっくり分けると超音波を発するココウモリ類と、超音波は発さず果実を好むキツネのような顔のオオコウモリに分けられますが、ココウモリ類の中ではオヒキコウモリは最大の体長の持ち主です。一度このオヒキコウモリが、ことあろうに、本学（公立鳥取環境大学）の建物の中に入ってきたことがありました。もちろん、鳥取県内では初の確認記録でした。午後7時を回った夜のことです。学生が「先生、巨大なコウモリが廊下を飛んでいます」と、仕事にいそしんでいた私の研究室にやってきたことがありました。私は、昼間に建物のどこかに潜んでいて、夜に活動を始め、確かにチッ、チッと鳴いて廊下を飛んでいたオヒキコウモリを翌日の夜中に捕獲し建物の外へ逃がしてやりました。

ちょっと話がずれましたが、要はオオコウモリ類はもちろん、オオホオヒゲコウモリも含むココウモリ類も可聴音を発することができるということです。

ソナグラムによって、モンスズメバチの羽音とオオホオヒゲコウモリの「スズメバチの羽音」の類似音の、実際の類似性を確認した後、ルッソ氏たちは、ヨーロッパに生息するメンフクロウとモリフクロウに、両者の音のどちらかを聞かせ、その反応を調べました。

すると、実験したフクロウがすべて、どちらの音に対しても音源から速やかに離れていく反応を示したのです。つまり、ルッソ氏たちの「オオホオヒゲコウモリは、フクロウに対する防衛行動として、スズメバチの羽音に似せた音を発しているのではないか」という仮説の信ぴょう性は、ずっと高まったというわけです。

さて、ルッソ氏が一連の研究に関する取材の中で「私の知る限り、哺乳類における音響的な擬態の最初の記録だ」と述べていることについてです。

「擬態」とは、捕食者が嫌がる何らかの特性をもつ他種の特性を誇示することです。オオホオヒゲコウモリが、フクロウ類が嫌がるスズメバチ類の羽音を発しているのです。

私の知る限り、ルッソ氏の述べたことは、正しいといえば正しいが、正しくない可能性もあります。私が発見した現象を十分考慮していないからです。あるいは読んでいないのでしょう。私の論文の発表先が国際雑誌ではなかったからかもしれません。

また、「音響的な」という点を除けば、正しくありません。「音響的な」という点を除けば、私がすでに「嗅覚的な」哺乳類による擬態を、動物行動学においては最も注目されていた国際雑誌に発表しているからです。

これらの点について、最後に書かせていただきたいと思います。

私がお世話になったことがあるアメリカの動物行動学者オーウィングス氏とコス氏は、「虎の威を借る狐」の「哺乳類」ではなく「鳥類」版を、それも「音響的な」擬態を、すでに1986年に発表しています。研究内容は以下の通り。

アメリカ大陸に生息するアナホリフクロウは、プレリードッグやジリスが掘った穴などをねぐらにし、さまざまな昆虫類や齧歯類などの小型動物を餌にする、フクロウ類の中では体の小さい種です。

　このアナホリフクロウは、いくつかのパターンの鳴き声を発しますが、その鳴き声の一つは典型的な毒ヘビであるガラガラヘビが、相手を威嚇するときに発するシュー、シューという鳴き声です。そして、実験によって、このガラガラヘビが発する音によく似たアナホリフクロウの音声に対し、少なくともジリス類は警戒し、立ち止まったり後退したりすることが確認されています。アナホリフクロウの天敵でもあるイタチ類にも同様な効果があると推察されています。

　いっぽう、「虎の威を借る狐」の「哺乳類」版については、私が、「シベリアシマリスの幼獣による音響的な擬態の可能性」と「シベリアシマリス成獣による嗅覚的擬態」をすでに発表しています。


　前者のほうからお話ししましょう。

　そのころ私は公立鳥取環境大学で教育・研究に携わっていました。実験室では、野生のシベリアシマリスが作る、短く太いトンネルとその先の巣室をもつ巣穴を完備した飼育場を作り、数個体のリスを飼い、ときどきそれ用の装置の中で実験していました。

私が、幼獣たちのその行動を発見したのは、メスのシマリスが5匹の子どもを産んだときでした。幼獣から成獣に至る過程の中で、その行動がどのように発達して表れてくるのか、その過程を個体発生と呼ぶのですが、その個体発生におけるある行動を調べるために子どもを産むような環境にしていたのです。

母リスは餌を求めて巣穴から外へ出ているとき、私が、子どもたちの成長段階を確認するため巣室の蓋を開けたときでした。体毛こそ生えそろっていますが、まだ目も開いておらず乳を飲んで育っている段階の子どもたちが、なんと、一斉に、その場で体を揺り動かし大きく口を開けて、みんなリズムを合わせて、カタッ、カタッ、カタッ……カタッ、カタッ、カタッ、カタッ……と鳴いたのです。幼獣は、その場では体を動かすことはできましたが、まだ移動はできないくらい幼く、もし、外からイタチなどの天敵が入ってきたら、外に逃げることはできなかったでしょう。

私が驚いたのは、巣室内に響くようなその激しい音と、その音をすべての個体がリズムを合わせて発していることでした（リズムが合うということは、他個体のカタッの出だしのときを認知しているということなのです！）。これは私だから客観的にその様子を観察できたのであって、私以外のヒトだったらその迫力に驚いてすぐ蓋を閉じたのではないでしょうか。またこの行動は、巣穴に侵入してきた捕食者への威嚇になるだろうと直感的に思いました。哺乳類の幼獣で、こういった攻撃的な防衛的な行動を示す種はいないだろうとも思いました。

その後の試行で、幼獣たちは、巣穴が何らかの振動に見舞われると「カタッ、カタッ、カタッ」を発動することがわかりました。

この発見を受けて、私は、他の実験を後回しにして、すぐに次のような実験を行いました。天井を透明なアクリル板で作った巣穴の奥に、当時飼育していたヨーロッパケナガイタチの餌を置き、数日かけてヨーロッパケナガイタチにその中に餌があることを学習させた後、巣穴の中にスピーカーを潜ませ、その横にそれまでと同じように餌を置き、ヨーロッパケナガイタチが巣穴に入ったとき、スピーカーから「カタッ、カタッ、カタッ」を流したのです。実験は暗い実験室の中で行い、イタチの行動は紫外線を感知するビデオカメラで記録していました。

その結果、「カタッ、カタッ、カタッ」を聞いたイタチは、餌も取らず巣穴から飛び出たのです。一週間ほどをかけて何回も実験しましたが、結果は変わりませんでした。ちなみに、「カタッ、カタッ、カタッ」の代わりに、チャンネルが合わずジーーーというノイズだけが流れるテレビの音を流した場合には、イタチは行動を変えることなく餌を取っていきました。

ではなぜイタチは「カタッ、カタッ、カタッ」を嫌うのでしょうか。

一度、日本の動物行動学会の口頭発表で、カタッ、カタッ、カタッに対するイタチの行動について、映像を流す前にカタッ、カタッ、カタッの音だけを聴衆の方々に聞いてもらいました。聴衆の方々は、それぞれいろいろな動物を研究している方々です。ひょっとすると「その音、〇〇〇が鳴く声によく似ている」と教えてもらえるかもしれないと思ったのです。しかし、残念ながら「ご存じの方、おられませんか」と聞いてみましたが、反応はありませんでした。

ところがです。今回、ルッソ氏たちの研究を知って、「あっ、『カタッ、カタッ、カタッ』はスズメバチの羽音かもしれない」と思ったのです。そして、ネットでコスズメバチの羽音を聞いてみたところ……なんとなく似ているではありませんか（ミツバチの羽音にも似ていましたが）。ひょっとすると、シベリアシマリスの幼獣たちが発する「カタッ、カタッ、カタッ」は、スズメバチの羽音への擬態（音響的擬態）かもしれません。私は学長になって今はとても忙しいのですが、いつかぜひ仮説の検証を試みてみたいと思っています。いずれにせよ、私がシベリアシマリスの幼獣について行った一連の研究は、ルッソ氏の言葉「哺乳類における音響的な擬態の最初の記録だ」……は、正しくないことになります。

もう一つお話ししたいのは、前述したシベリアシマリスの成獣による擬態です。この行動をはじめて発見したのは、シベリアシマリスの生息地の一部である韓国の北朝鮮との国境近くの森の、開けた一画でした。基本的に単独性であり、メスもオスもそれぞれの巣穴を中心にした直径数百mくらいの巣穴を、縄張りというほど厳密な境界はないのですが守り、他個体が入ってくると追い払うような性質

をもっていました。ところが、私が発見したシマリスたちは、互いに近距離の場所にとどまり、体に何かを塗り付けるような感じで毛づくろいを続けていたのです。一心不乱に「毛づくろい」を行う姿から、何かただならぬ事情があることは感じていました。

数十分近くその状態が続き、やがて三々五々、その場から離れていったので、私は近寄って、そこに何があるのか調べました。あったのは、大小の白い砂のようなものでした。

その後、それをもって日本に帰り、その白いものの正体はヘビの尿だとわかりました。ではなぜシベリアシマリスは、あんなに必死の形相でヘビの尿を自分の体毛に塗り付けるのか、いろいろな仮説を立ててさまざまな実験を繰り返しました。

その結果わかったことは、シマリスはヘビの尿や皮膚（脱皮殻も）を口で嚙みほぐして、その結果、ヘビの匂いを自分の体につけ主要な捕食者であるヘビに対し、攻撃をためらわせていることがわかったのです。ヘビの匂いがついたシマリスをヘビは避ける傾向があるのです。

これは、シベリアシマリスによる「嗅覚的」擬態と言えます。

この結果を学術雑誌に発表したのは１９８６年。この年、オーウィングス氏たちは、アナホリフクロウによる「音響的」擬態（フクロウがガラガラヘビが出す音を発する）を学術雑誌に発表しました。国際動物行動学会のニュースレターは、二つの研究を、「虎の威を借る狐」ならぬ、「ヘビの威を借る」と表現し紹介していました。（英語でもそういった言い方があるらしいことにも少し驚きました）。

4章

意外と知らない
身近な動物の謎

最も身近な隣人・イヌとネコの不思議

イヌの目がオオカミより黒っぽいワケ

この章ではイヌやネコなど、ペットとして飼われているような身近な動物の研究についてお話しします。最初に紹介する研究は「イヌの瞳は、なぜオオカミの瞳より黒っぽいのか」というものです。

一言でオオカミと言っても、30種以上の亜種が存在します。亜種というのは、たとえば、一つの種の中で地域が異なったりすると形態や習性が多少異なる場合があるため、同種だけれど「亜種」という分類群で区別しているのです。オオカミの亜種としては、シベリアオオカミ、ヨーロッパオオカミ、シンリンオオカミ、メキシコオオカミ、インドオオカミ……などがあげられます。

いっぽうで、イヌの祖先が、どの亜種から分岐したのかについてはこれまでさまざまな説が提唱されてきましたが、ミトコンドリアDNAやオスのみがもつY

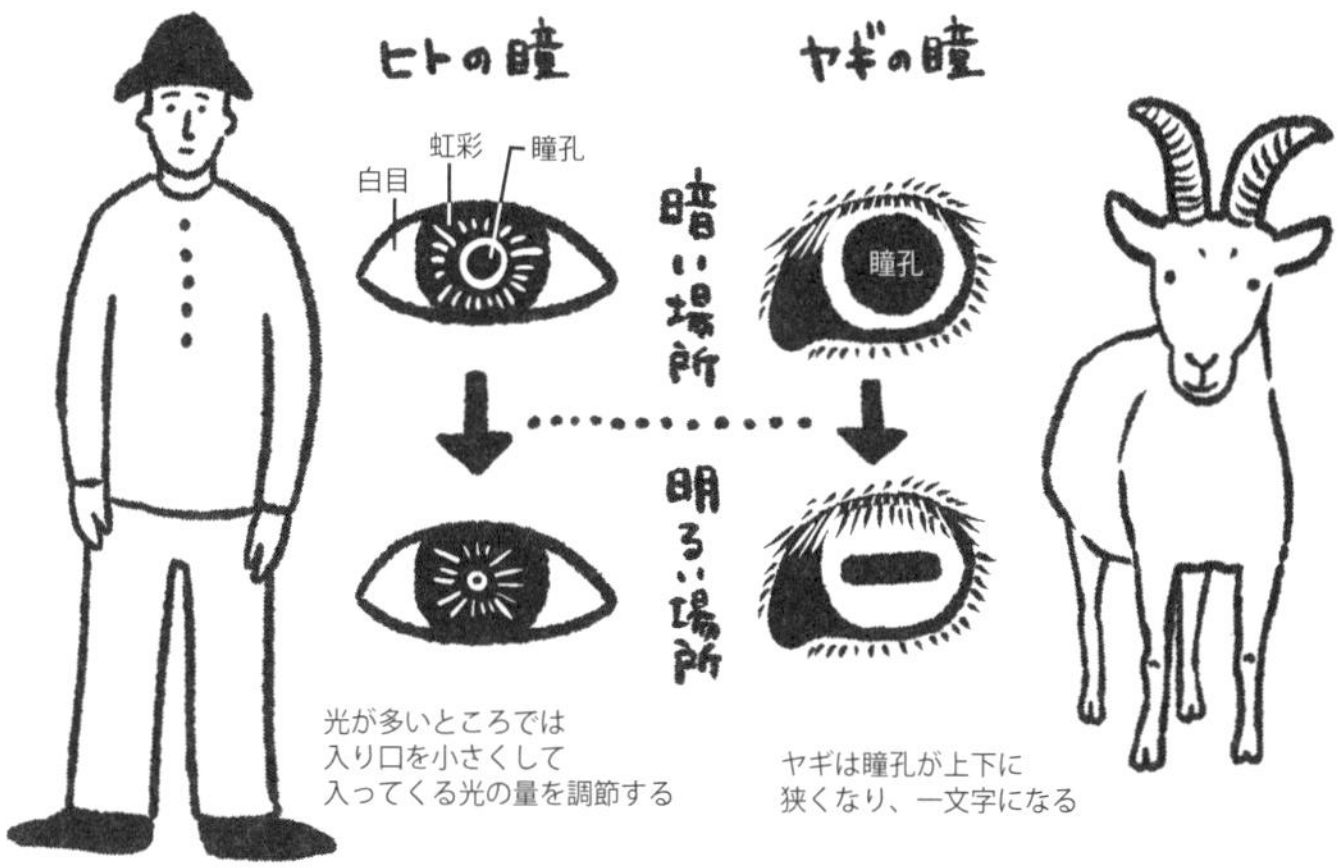
ヒトの瞳
ヤギの瞳
虹彩
瞳孔
白目
暗い場所
瞳孔
明るい場所
光が多いところでは
入り口を小さくして
入ってくる光の量を調節する
ヤギは瞳孔が上下に
狭くなり、一文字になる

染色体の分析も踏まえた最新の研究は、イヌはアジアのオオカミを祖先にもつことを示しています。そして、その分岐は約1万年前に起こったと考えられています。

さて、本題に入る前に、ヒトの瞳について一言。「瞳」は生物学的に言うと、眼球の真ん中にある瞳孔と呼ばれる円形の部分です。瞳孔は光が、目の内部の網膜に入る入り口です。瞳孔の大きさは、瞳孔を取り囲む虹彩の面積が大きくなったり小さくなったりすることによって、大きな円になったり（つまり光の取り入れ口が広がる）、小さな円になったり（取り入れ口が狭くなる）します。

ちなみに、ヤギの目の場合、瞳孔は、面積が小さくなったときは、「小さな円」になるのではなく、上下の幅が狭くなり、横一文字の形になります。面積が大きくなったときは上下の幅が広がり、「大きな円」になります。つまり、瞳孔は、日中は光が強いので横一文字形に、暗くなるにつれて横の幅はそのままで、縦の幅が広くなり、円形になります。

瞳＝瞳孔とはこういったものなのですが、ただし、一般的な会話の中でもそうですが、「瞳」は、虹彩も含めた部分のことを指して言っている場合がほとんどです。「青い瞳」というのは、虹彩の色が青だからそう呼ぶのであって、学術界での「瞳」はほとんどの場合、青ではありません。ただし便宜上、以後の話の中では、瞳を虹彩も含めた領域全体を指して呼ぶことにします。

さて、もう一つヒトの瞳について知っておいていただきたいのは、ヒトの虹彩では、両側が白色になっているということです。これは他の、少なくとも哺乳類では見られない構造です。瞳の色は日本人はほとんどが黒、欧米のヒトは茶色などの場合が多いのですが、白色と有色の部分の境目は連続しており、単に白色の部分には色素が沈着していないだけなのです。

なぜヒトの虹彩だけがこのような形態になったのか、現在最も有力視されているのは、「白い部分があると、その個体がどちらを見ているのかが明白にわかり、目の動きによって個体間でのコミュニケーション、たとえば、『お前は先回りをして獲物の前方で待ち伏せしろ』とか『よし、行くぞ!』といった内容の伝達が格段にレベルアップされる」という説です。情報伝達を盛んに行い、集団で目的達成にあたるという方向に進化したヒトという動物では、「白い部分」は重要な形質だったのでしょう。

最後に、ヒトでは、幼児の黒い瞳は成人の場合と比べ、顔の中でよく目立つ、大きな比率を占めます。このような、ヒトに共通して見られる特性は、「口元の割合の小ささ」などとも併せてキンダーシェマ(幼児構図)と呼ばれ、そのキンダーシェマを目にすると、「可愛い」、「保護してあげたい」という感情が湧き上がる生得的(本能的)脳内特性を有していることもヒトを対象にした研究で知られています。

さて、イヌの瞳がオオカミより黒い理由です。東アジアのオオカミが、遺伝子の小さい変異を伴いながらイヌになっていく過程で起こったこと。その具体的な出来事の内容については諸説ありますが、以下のような状況があっただろうという点については大方、一致しています。

1万年以上前、ヒトは狩猟採集生活をしていたわけですが、「イヌ祖先」オオカミは狩猟するヒトたちについていき、対象となる動物を見つけると、吠えて、狩猟の成功に結果的に役立つこともあったのではないでしょうか。夜、ヒトがベースキャンプで寝ているとき、危険な猛獣が近づいたとき、「イヌ祖先」オオカミが吠え、ヒトが目を覚まして危機を免れた、といった場面も想像できます。

そんなことが最初は偶然に起き、ヒトは、「イヌ祖先」オオカミが自分たちの近くにいることが有利であると考え、餌を与えたり、親和的な姿勢で接したりして、自分たちの近くにとどまるように振る舞ったのではないでしょうか。

いっぽう、「イヌ祖先」オオカミの中にも、遺伝的にさまざまな特性の個体がおり、餌をもらうことを速やかに学習し、ヒトの近くにとどまることが多かった個体もいたでしょう。

そういった個体は、ヒトと利益を分かち合うことによって、「イヌ」という、いわば新しい亜種になっていったと考えられるのです。その後、イヌという亜種は、品種改良によって、チワワからセントバーナードまで、実にさまざまな外見に分かれていったのですが……。

ついでなので、ヒトから利益をより多く得るために遺伝的に変化していったイヌの特性を一つお話ししておきましょう。その特性とは「ヒトの喜怒哀楽の状態を読み解く」というものです。飼い主の表情から落ち込んでいるとか、元気で明るいとかいった内面を推察ができることが、学術的な研究から示されています。

そして、ヒトの状態に合わせて、それに応じた行動を示すのです。たとえば、そのヒトが落ち込んでいる場合には、ゆっくりと体を低くして近寄り顔をなめたりするのです。

これはオオカミには備わっていない特性でもあります。オオカミがヒトの表情を読み取るような特性を持っていても、そんな特性はオオカミが得をすることはありません。しかし、イヌではそういった特性で、ヒトにより強い親和的感情を湧き立たせ、手厚い保護を引き出す可能性が高いのです。

アメリカ・プリンストン大学の進化生物学者フォン・ホルト氏は、イヌは、ヒトに好まれるように、遺伝的にオオカミより友好的、社交的になっていると主張し、その変化を生み出した遺伝子も特定しています。「GTF2I」と「GTF2IRD1」という遺伝子です。

ここまで述べてきたことをまとめると、オオカミの一亜種とも言えるイヌの祖先は、ヒトに対して友好的にふるまい、ヒトの表情や動作からそのヒトの状態を読み、それに応じた行動をとり、遺伝子の変化によって、ヒトの側からすると愛らしい特性をもつようになり、現在のイヌに至っていると言えます。

以上の仮説は「イヌの瞳は、なぜオオカミの瞳より黒っぽいのか」に対する動物行動学的返答にそのままつながっていきます。

冒頭で書いたように、ヒトの幼児の目（瞳）は大人の目（瞳）より、顔の中の割合として大きく、黒目の部分が広くよく目立ちます。それが、大人が幼児を可愛いと感じる理由でもあり、ヒトの脳内には大きくて黒っぽい色の目の顔に反応して「可愛い、世話をしてあげたい」という感情を生起させる回路が存在すると考えられているのです。

パンダやニホンモモンガの顔を可愛いと感じるのも、その回路が反応するからだと考えられます。あるいはアニメに出てくる可愛い女の子は目が大きく、口元が小さく描かれていることからも理解できるでしょう。

イヌの顔についても、遺伝子の変化、すなわち虹彩部のメラニンの生成増加を促す遺伝子の変化で、瞳が黒っぽくなったイヌのほうがヒトに親和的な印象を感じさせやすく、より多くの利益をヒトから得て生存・繁殖に有利だったというのは十分考えられることなのです。

さて、「イヌの瞳は、なぜオオカミの瞳より黒っぽいのか」に対して以上のよ

虹彩は金や銀色などで
精悍な印象を与える

虹彩は黒っぽいものが多く
いわゆる黒目がちで
可愛らしい印象を与える

うな説を、実験も交えて論文[1]で発表したのは、帝京科学大学アニマルサイエンス学科の今野晃嗣氏たちの研究グループです。同グループは、同じイヌの顔の写真を加工して、一方は目が黒っぽく、他方は目が黄土色（中心の瞳孔の部分だけが黒）のペアの写真を、いくつかの犬種について用意しました。これを被験者に見せ、「どちらのほうに触れたいか」とか「飼育したいか」、「どんな性格のイヌに見えるか」を答えてもらいました。

その結果、すべての写真のペアについて、被験者のほぼ全員が目が

[1] Are dark-eyed dogs favoured by humans? Domestication as a potential driver of iris colour difference between dogs and wolves

黒っぽいイヌのほうが親しみやすく、可愛らしく、友好的に見えると答えたのです。

この結果は、イヌの目が黒っぽいのは、『イヌ祖先』オオカミが、イヌになっていく過程で、ヒトが友好的、愛らしさを感じる個体とのつながりを強めていったことが主要な要因の一つである」ことを支持するものであると言えます。ヒトは、ヒトを怖がらず友好的に近づく個体、ヒトの心理を読んでそれに対応するようになった個体、瞳が黒っぽい個体に、より優先的に餌などの利益を与える行動を示していったということです。

ところで、現在、ヒトに飼われているイヌの中には、シベリアンハスキーやアラスカンマラミュートなどのように、目が黒くなく、オオカミのような灰色〜黄色（中心は黒の瞳孔）のものもいます。そういうイヌは大型犬に多い傾向があります。

おそらくそれは、飼い主がイヌに対して、親愛さだけを望むのではなく、狩猟での優れたパートナーになるような、飼い主に懐き、そのうえで、力が強く、走るのが速いといった精悍さを望む場合もあるからではないでしょうか。

最後に、私が小さかったころの、イヌとオオカミについての思い出を少しだけ。私は大のイヌ好きで、子どものころは「トム」と名付けた（今となっては、なんでそんなダサい名前をつけたのか、と思うのですが）イヌを飼い、トムは私の生活の大切な一部でした。またいっぽうで、『シートン動物記』などの影響もあり、オオカミは大好きな動物でした。本物は見たことがありませんでしたが……。そんな私が、あるとき、都会に行って動物園に行きコヨーテと出会ったのです。これは今でも忘れられません。

それまでコヨーテについては、なんというか格下の「小さなオオカミ」くらいにしか思っていなかったのですが、鉄格子を隔てて対峙したコヨーテは……でかかった！

そして瞳は、トムと明らかに違って黄色っぽく、その中心に正確な意味での瞳（瞳孔）が黒く鈍く輝いていたような、リアルな記憶があります。けっして「小さなオオカミ」などではなかったのです。子どもの私にとっては、トムとはかなり異なる、野生の威厳のあるオオカミと同じ動物でした。

こちらを睨むように見るコヨーテに、小林少年はかなりビビったのでした。

なぜネコは魚が好きなのか？

イヌの次はネコのお話。イエネコの起源については、現在、世界のイエネコのＤＮＡ分析等を通して、祖先は、約13万年前に、中東の砂漠等に生息していたリビアネコであるとする説がほぼ定説になっています。

そのリビアヤマネコが家畜化のようなプロセスを経て、イエネコとして人間と暮らすようになったのは、約５０００年前からで、それは古代エジプトで始まった、という説が有力です。当時のエジプトでは、ナイル川流域の肥沃な農地から収穫された穀物が倉庫に蓄えられており、それらはネズミに食べられるという被害にあっていたことが推察されています。

そんなとき、ホモサピエンスに慣れたネコが、ネズミを狙って倉庫に住みつき、ネズミを捕食したとしたら……。ネコを居住地に引き寄せるために餌を与えるようなホモサピエンスが現れたとしても不思議はないでしょう。こうして特定のネコと特定のホモサピエンスとの間に生まれたつながりが、現在見られるような緩やかなつながりに発展してきたのではないでしょうか。

さて、今回紹介する研究は「砂漠生まれのイエネコが、なぜ魚を食べるようになったのか」です。家畜化されたイエネコが魚を食べるようになったのはいつごろなのかというのは不明ですが、これもエジプトで起こった可能性が高いと考えられます。古代エジプトの壁画に魚を食べているネコの姿が、はっきり描かれているのです。その魚は、ナイル川で獲れた魚かもしれません。

この問題を、より科学的に考えるためには、ネコの舌にある味覚受容体の特性を知ることが必要なので、少しここでお話ししておきましょう。

味覚は、視覚、聴覚、嗅覚、触覚と並ぶ、いわゆる五感の一つです。視覚については、異なった波長の光が網膜の表面に存在する視細胞に当たって、それぞれの波長に専門的に反応する視細胞が、視神経に興奮を引き起こします。もう少し詳しく言うと神経細胞の細胞膜を通ってナトリウムイオンやカリウムイオンが流れ込んだり流れ出たりして、細胞膜内外の電位差の変化が起こるということです。

味覚についても同様のことが言えます。たとえば、ホモサピエンスの味覚に関しては、舌の表面の味蕾と呼ばれる構造体に埋め込まれるようにして存在する、特性の異なった受容体が、甘味、酸味、塩味、苦味、旨味を生み出します。具体的には、苦味受容体に、テオブロミン、リモニンといった分子が水に溶けて付着すると苦いという感覚が湧くといった具合です。

そして、「食べたい」という感覚の主役になるのが、旨味受容体です。グルタミン酸、イノシン酸、アスパラギン酸、グアニル酸等が付着すると、旨味感覚が生まれます。また、旨味受容体の形成にはホモサピエンスではTas1r1とTas1r3と呼ばれる遺伝子が関与していることが知られています。

いっぽう、この二つの遺伝子とほぼ同様な遺伝子は、イエネコでも見つかっており、イギリス・ウォルサム・ペットケア科学研究所のチームは、生きたイエネコを対象にして実験を行い、イエネコの旨味受容体がマグロをはじめとした多くの魚に含まれているヒスチジンやイノシン酸に強く反応することを明らかにしました。①

リビアヤマネコは齧歯類、モグラ、ウサギ、鳥類などを捕獲していることが知られていますが、これらの動物の体内にもグルタミン酸、イノシン酸、ヒスチジン、アスパラギン酸などが含まれています。したがって、イエネコが魚を食べることは、生理学的な特性から見て、決してハードルが高いことではなかったと考えられるのです。

おそらく最初は、ホモサピエンスが漁で釣った魚の余りや食べ残しをなじみのイエネコに与えたのでしょう。そしてイエネコが、それをなめたり噛んだりした結果、旨味受容体が反応し、徐々にしっかり食べるようになっていったのではないでしょうか。

……あまり、感動的な展開ではなく恐縮ですが、おそらく、そういうことなのです。

① Umami taste perception and preferences of the domestic cat (Felis catus), an obligate carnivore

最後に、読者の皆さんへのちょっとしたサービスとして、私のゼミの学生の田口さんが卒業研究として行った「ネコは、フグなどの毒をもつ魚に対してはどのようにふるまうのか」に焦点を当てた研究の結果を、ざっくりとお話しして終わりにします。

田口さんは、大変ネコが好きで、また、魚釣りも好きで、鳥取の漁港でときどき釣りにいそしんでいました。実験を行った場所は2か所で、一か所は、鳥取市賀露町の海に面した緑地公園で、海と公園の間には白いきれいな柵があります。柵の手前から海へと竿を出す釣り人も多くいました。そこではアジやシーバス、そして研究のテーマにつながるクサフグなどが釣れました。

もう一つの実験場所は、鳥取県の東部を流れる千代川の河口部です。私が休日によく行く海辺の端にあり、コンクリートで固められた岸壁から、糸を垂れる人がときどき見られ、岸壁に接した林の中には野良のイエネコのために置かれた木製の箱などがあり、近くに住んでいる人が定期的に餌をあげていました。

2か所でのネコの反応の違いや、親ネコと子ネコの反応の違いなど、話せば長くなるのですが、実験結果の重要なところをざっくり言いましょう。

各々の実験場所で、緑地公園で釣れた体長が同じくらいのアジとクサフグを一匹、皿に入れてネコに提示し行動を調べました。行動は「匂いを嗅ぐ」「口をつけて噛む」「食べて飲み込む」の3種類が見られました。

全部で5匹のネコについて、各々何日か間をあけて、全く同じ実験を繰り返しました。回数を繰り返すことによって行動がどう変化するか調べたかったのです。

アジについてはすべて、2か所のネコとも、「匂いを嗅ぎ」「口をつけて噛み」「食べて飲み込」みました。

いっぽう、クサフグについては、1回か2回までは、「匂いを嗅ぎ」「口をつけて噛み」、その後魚を放して顔を背け離れていきました。ところが3回目になると、どの個体も「匂いを嗅ぎ」、すぐに離れていくようになりました。4回目も5回目も結果は同じでした。

こういった結果に基づいて田口さんは、次のような考察をしました。

実験した緑地公園のネコも千代川河口部のネコもこれまであまり魚を食べたこ

とがなく、アジについては体表にも存在することが知られているイノシン酸などに反応して、噛んでそのまま食べて飲み込んだ、と。

いっぽうクサフグの場合は、テトロドトキシンと呼ばれている高い毒性を示す神経毒が、表皮や筋肉、そして濃い濃度で内臓に存在することが知られており、一度体表を噛んだだけで嫌悪感を覚え、すぐに匂いに対する学習が起こり、それ以後は匂いを嗅いだだけで避けるようになった、と。

どうでしょうか。おそらく考察は正しいのではないでしょうか。

ケンカかじゃれ合いかはネコの声でわかる！

今回の研究を紹介する前に、まずは動物にとって「じゃれ合い」、つまり「遊び」が生存・繁殖にどのように有利なのかを押さえておきましょう。

我々ホモサピエンス自身の、特に行動が発達する子どものころの「ケンカ」と「じゃれ合い」を考えるとわかりやすいでしょうか。多くの人が体験があるでしょうから。「じゃれ合い」の場合は、互いに手加減もするから攻められていたほうが、次の瞬間、攻める方になったり、「ケンカ」の場合には実行できないような面白い（創造的な）動作を行ったり等々、革新的な動作、行動の連鎖が起こりながら動きが続いていきます。そのため、じゃれ合いをすることによって、さまざまな動作や行動の連鎖が「練習」でき、そういった多彩な動きは、実際の狩りや他部族個体との「ケンカ」等において役に立つのではないかと推察できます。

ネコの場合でも、子ネコは子ネコ同士、じゃれ合いながら、そういった行動を、より豊かに発達させているのでしょう。ちなみに、ネコの場合も、イヌの場合も、ホモサピエンスと家畜化の過程で、子どもの特性が成獣でも残った個体を選択してきたと考えられており、成獣のネコでもじゃれ合いは見られます。ただし、繰り返しになりますが、行動が大きく発達する時期である子ども時代のじゃれあいは特に有効な練習が重要な時期であるため、子ネコのときのじゃれ合いは高頻度で、また長く続くことになります。

いっぽう、真剣なケンカの場合は、そうではありません。ケンカでは、その年齢までに発達させてきたかなり定式化した行動レパートリーで、力いっぱい相手にダメージを与えようとします。大抵ケンカでは、勝敗は比較的早く決着し長くは続きません。

では生存・繁殖に重要な意味をもつじゃれ合いを長く続けるためにホモサピエンスではどんな「工夫」がなされているのでしょうか。これは、かなり難しいのですが重要な課題だったに違いありません。じゃれ合いの中には当然、真剣なケンカの動作もたくさん入っています。何か「工夫」がなければ、じゃれ合いはケンカへと移行してしまう可能性が高いのです。

結論から言うと、ホモサピエンスの場合は、じゃれ合いのときはお互い、相手に対して頻繁に信号を送り合っているのです。その信号とは「笑い」です。笑うことによって、「これは遊びだね。ケンカじゃないよね」というメッセージを送っているのです。ちなみに、以上は「笑い」の重要な働きの一つについての私の仮説でもあります。

ついでだから、もう少しだけ私の仮説を続けましょう。

チンパンジーも遊びのとき、ホモサピエンスの笑いととてもよく似た、上歯が見えるくらい口角を上げる表情を示すことが知られています。さらに最近、オランダ・ライデン大学のマリスカ・クレット氏らの研究で、ホモサピエンスの幼児が笑うとき、ハッ、ハッ、ハッという音声とともに、チンパンジーの笑いの場合と同じように、大きく息を吸っていることが示されました。この「吸う」動作については、ホモサピエンスの場合、成長とともに減少していくという説もあるのですが、おそらく、笑いの中で「吐く」だけの動作が続くということはありえず、成長に伴っても「吸う」動作は残ると考えるほうが妥当でしょう。

笑いの表情は、おそらく、ホモサピエンスとチンパンジーの共通の祖先で、すでに「上歯が見えるくらい口角を上げる」表情として生得的に定着していたと推察されます。その表情が笑いの信号となりやすいのは、ホモサピエンス以外の動物では遊びは身体の運動に関して行われていたものであり、筋肉を激しく動かすことが多く、つまり多くの酸素を必要としていたためではないでしょうか。その達成のためには「ハッ、ハッ、ハッ」と酸素を吸う動作は適切であったと考えられます。

また最近の研究から、ホモサピエンスを含む霊長類以外でも、互いに楽しみながら体を触れ合わせたり、ぶつけ合ったりするとき、「笑い」に相当するような動作を行っていることが知られてきました。

たとえば、ラット、医学の実験用に「家畜化」されたドブネズミでは、特異的な超音波を発して「笑う」ことが明らかにされています。特に、群れをつくって生活する社会性の高い動物では、それだけ遊びは個体同士のコミュニケーションを含めた行動の発達に重要なものであることを示唆しています。

横道にそれました。では、ネコの場合、「これは遊びだね。ケンカじゃないよねというメッセージ」があるとしたらそれは何でしょうか。私の推察では、それが今回の記事になった、スロバキア獣医薬学大学応用研究センターのチームが論文[①]に書いた「無発声」ではないかと考えます。

ネコ（イエネコ）は、約13万年前、赤道以北のアフリカと、アラビア半島からカスピ海にかけて生息するリビアヤマネコが、ホモサピエンスと接触し始め、徐々に「家畜化」されてきたと考えられています。その「家畜化」の過程で、おそらく遺伝的に幼児性を成長しても失いにくい個体が、ホモサピエンスに選択されてきたのではないかと推察されるのです。野生のネコは、母親の庇護のもとにある子ネコのときは、兄弟姉妹間でよく遊びますが、成長とともに、親元を離れ散在していき、遊ぶことは少なくなると推察されます。

しかしイエネコは人為選択の結果、成長しても遊ぶ（じゃれ合う）特性を持つようになり、それが、今回のテーマになった「じゃれ合い」と「ケンカ」の違いは？という疑問を生んだのではないでしょうか。

スロバキア獣医薬学大学応用研究センターのチームは、2匹の猫が触れ合う場面を記録し、分析しています。結果は、真剣なケンカと遊びのじゃれ合いを判別

① An ethological analysis of close-contact inter-cat interactions determining if cats are playing, fighting, or something in between

コラー
……
……
またケンカして！
……って
声出してないから
じゃれ合いか

する明確な要素はなかったといいます。ただし、違いとして明らかになったのは「ケンカをするときは、唸り声をはじめとした発声が多く見られ、遊びやじゃれ合いのときは発声は伴わない場合が多かった、ということです。

「家畜化」されていることも念頭に置いて、また、超音波など、ホモサピエンスが見落としているかもしれない要素もあるかもしれないという可能性も考慮したさらなる研究が必要でしょう。

鳥や魚の世界を通して知る生き物の習性

カラスは友人より家族が大事？

まずは研究①の内容と結果からお話ししましょう。イギリス・ブリストル大学とエクセター大学の研究チームは、数百羽の野生のニシコクマルガラスを用いて、次のような実験を行いました。ちなみに、対象になったカラスの集団内の個体同士の関係については、どの個体同士が家族関係（血縁関係）にあるか、どの個体同士が日ごろから（家族関係にはないが）互いに仲が良いか、は把握されていました。

①群れに属する個体をAとBの二つのグループに振り分ける。

②二つの餌箱を並べて置き、グループAに属する個体が2羽同時に、各々の餌箱の前に立つと、両方の餌箱からカラスが大好きなミルワームが出てくるよう

① Wild jackdaws can selectively adjust their social associations while preserving valuable long-term relationships

実験の内容

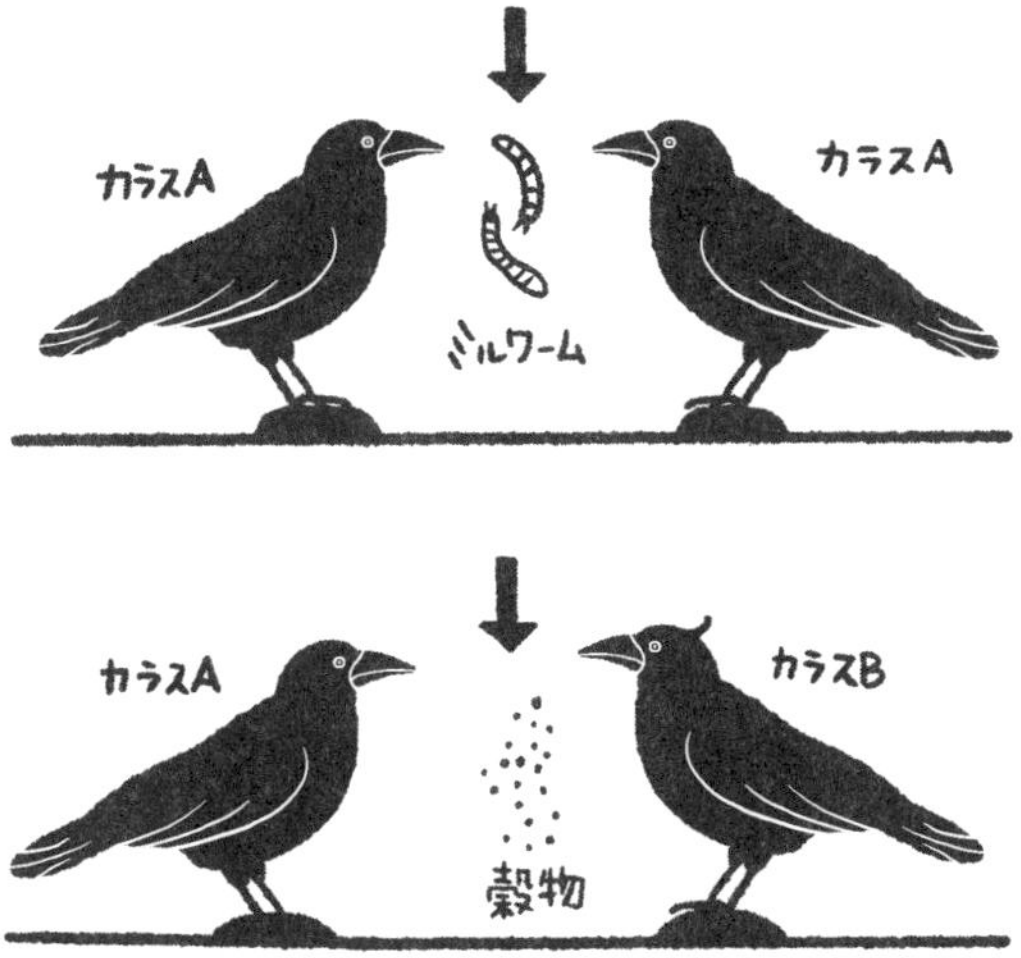

ABどちらか同じグループの2羽が所定の場所に立った時だけ好物のミルワームが出てくる

AとBのカラスが一羽ずつ，もしくはカラスが一羽しか立たなかった場合あまり好まない穀物が出てくる

な仕掛けにした。また同様に、グループBに属する個体が2羽同時に、各々の餌箱の前に立った場合にも、両方の餌箱からミルワームが出てくるような仕掛けにした。つまり、AかB、同じグループに属する個体が1羽ずつ各々の餌箱の前に立つとミルワームが出てくる。

いっぽう、片方の餌箱の前にだけしか個体が立たなかったり、Aグループの1羽とBグループの1羽が各々の餌箱の前に立ったりしたときは、餌箱からはカラスがあまり好まない穀物しか出てこなかった。

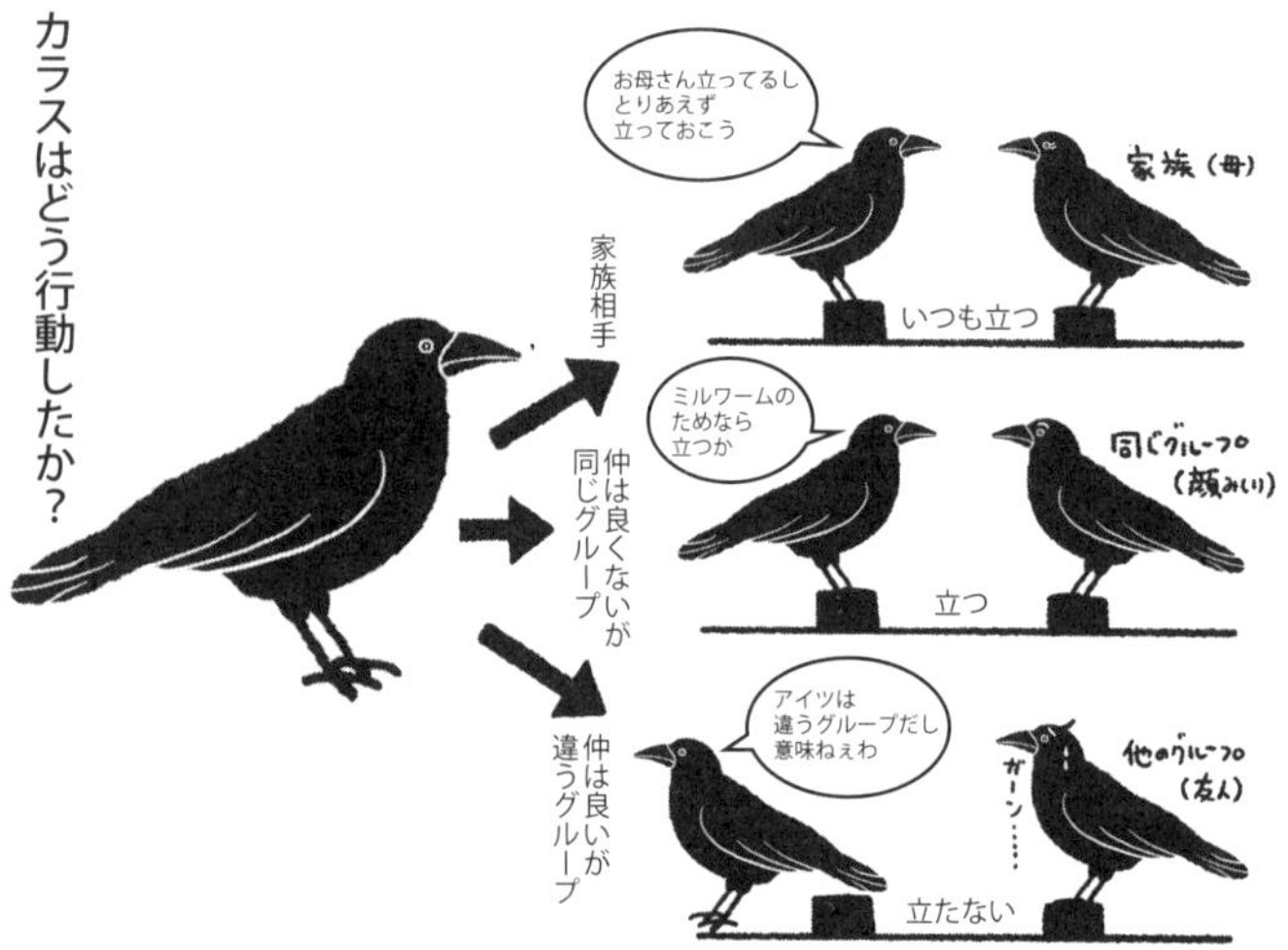

③この状態で餌箱を設置しておくと、学習能力に長けたニシコクマルガラスはミルワームを獲得できる条件を素早く学習した。

④このような学習が成立した後で、次のような関係の個体間では、どのようなことが起こったかを調べた。

「とても仲が良いが、自分はAグループで相手はBグループ」、「家族同士だが自分はAグループで相手はBグループ」、「家族同士で自分も相手も同じグループ」、「家族同士でもなく、仲が良いわけでもないが互いに同じグループ」

結果は、互いに仲が良くても異なったグループに属する個体が、それぞれの前に並んで立つことはなかったそうです（仮にそうしたとしてもミルワームは出てこなかったのですが）。いっぽう、家族同士であった場合は、相手が同じグループである場合はもちろん、相手が自分とは違うグループの個体であったときも、（穀物しか出ないにもかかわらず）2羽は並んで餌箱の前に立つことが観察されました。さらに、例えばAグループに属する個体は、今までは仲が良くなかった同グループ（Aグループ）に属する個体と各々の餌箱の前に立ち、ミルワームを得ました。

以上の結果は、「カラスは報酬のために『友情』なら裏切るが『家族の絆』は大切にする」ことを示している、というわけです。

さて、ここからは、なぜ「カラスは報酬のために『友情』なら裏切るが『家族の絆』は大切にする」という結果が得られたのか、その理由を、三つの視点から解説したいと思います。三つの視点とは、「カラスにおけるヒトの知能に似た高い能力について」、「ヒトにおける家族の絆について」、「生物という存在の科学的正体について」です。

カラス類は、外界の事物事象の識別や因果関係をヒトのように理解します。たとえば、車が道路上に落ちている小物体を轢くように走ったとき、その小物体は割れたりひしゃげたりする、と理解をするように。そしてその理解に基づいた課題解決行動をとります。例えば、栗やクルミを道路に置いて車に轢かせ、割れて出てきた実を食べます。このことは、最近の多くの研究が明らかにしています。このような認知活動は、一般的には「知能」と呼ばれていますが、その知能がカラス類ではとても発達しているのです。私がカラスの知能について、ちょっと驚いたのは次のようなカラスの行動の映像を見たときでした。

透明の円筒形の、上面だけがあいた細長い瓶の底に、カラス（種名は不明）が好む肉の断片が入っており、その肉の断片には、針金の取っ手のようなものがつけられていました。

円筒瓶は、高さがそこそこあり、いっぽう、断面が小さいためカラスが顔を突っ込んで底の肉を食べることはできません。そこでカラスはどうしたでしょうか。普通、瓶の近くに置いてあった真っすぐな針金を嘴でくわえ、底の肉を刺して吊り上げようとするか、取っ手に絡ませて持ち上げようとするのではと考えます。実際カラスはそうしました。しかし、どちらの方法でも肉を持ち上げ、そして瓶の外に出すことはできません。

さて、カラスは次にどうしたでしょうか。なんとカラスは、真っすぐな針金の先をまげてJの字のようにして、それを瓶に突っ込んだのです。するとどうでしょう。Jの字の先端が、肉についている針金の取っ手に指切りのように絡み、針金を持ち上げると肉も上がってきたではないですか。そうやってカラスは肉を手に入れることができたのです。私は、へーっと思いました。恐るべきカラスの「知能」。この知能を使えば、先に紹介した、カラスが「ミルワームを手にする条件（同じグループの個体が同時に並んで餌箱の前に立つ）」を見出すくらい容易なことなのです。カラスの能力についての話は以上です。

次は、内容がガラッと変わって、映画の内容に関する話です。
カラスの映画ではなく、ヒトを対象にした映画の話です。そして、そこに「生物という存在の科学的正体」の断片を見ることができるのです。読者の皆さんは、映画の中で、次のような場面に出合われたことはないでしょうか。

「ある組織に捕まり、ある重要な情報を白状するように迫られ激しい拷問を受けるが、その拷問に耐え続ける男がいる。ところが、その男に、拷問を与える側の男が、『お前の子どもがどうなってもいいのか』という意味のことを告げると、激しい苦痛に耐えていた男が『それだけはやめてくれ』と懇願し、そして口を割る。」

私が見るのは洋画が多く、このような場面も洋画の中で見るのですが、結構似たような場面がいろいろな種類のしっかりと作り込まれたアクション映画等で出てくるのです。

私は思うのです。これはおそらく現実世界を反映したストーリーなのでしょう。そして何度も、嘘をつき人を裏切り、修羅場をくぐり、闇の世界も知っている、さらには、拷問にも耐え続けている男が「家族」の命が危ないと感じると耐えることのできない苦痛を覚える。ヒトはそういった生物学的特性をもった動物なのだろう……と。

これはヒト＝ホモサピエンスという動物だけに備わった特性ではなく、地球上のほとんどの生物に備わった特性なのですが、いっぽうで、「ヒトはそういった生物学的特性をもった動物」である理由については動物行動学がかなり明快な回答に至っており、その回答が「生物という存在の科学的正体」の断片を見せてくれるのです。

ではその回答の内容をお話ししましょう。少しややこしく感じる方もおられるかもしれないですが、自分自身を知る手がかりにもなる大事な話なので、できるだけ飛ばさないでいただきたいと思います。もちろん、ニシコクマルガラスの行動の理解にもつながる内容です。

前の章でも紹介した内容と重複しますが、結論を要約すると「ヒトも含めた生物の個体は、遺伝子という設計図が、遺伝子自身が世代を超えて（親から子、子から孫、孫から……）増えていくように、感覚器や運動器官や脳を設計しつくり上げた、いわば、遺伝子の乗り物である。」……ということです。個体（乗り物）はやがて壊れてしまいますが、遺伝子は乗り物内につくられている卵や精子（乗り物の一部）によって、新しい乗り物（子ども）に移り、それを繰り返してその後も存在し続けるのです。

ヒバリを例に挙げて考えてみましょう。春になると、雌雄がつがいをつくり、オスが空高く舞い上がって独特の声で鳴き縄張宣言をし、雌雄で卵を温め孵化したヒナに毎日毎日餌を運び、そんな春の繁殖期を何回か繰り返し、そして個体は滅んでいきます。しかし、そういった行動を行うように感覚器や筋肉系や神経系を設計した遺伝子は、個体（乗り物）が滅ぶ前に、卵や精子に乗ってヒナ、つまり新しい個体（乗り物）に乗り移ります。そして、その新しい個体（乗り物）も、親たちと同じように行動し、遺伝子を新しい乗り物に移した後滅んでいくのです。

つまり、個体は、自分（遺伝子）が、より多く残るようにふるまう、一時的に存在する乗り物だ、というわけなのです。進化とは、自分（遺伝子）をより多く、次の世代に渡すような個体（乗り物）を設計する遺伝子が、世代を経る中で、突然変異で少しずつより良い設計図に代わっていく現象だと言えます。

さて、ここから、ヒトもニシコクマルガラスも含めた生物の「家族の絆」の話に直接つながっていくのですが、遺伝子が個体という乗り物をつくって増えていこうとする場合、子どもの世話をすること以外にも有効な行動があります。それは、自分と同じ遺伝子が入っている可能性が高い、子ども以外の個体、つまり親や兄弟姉妹といった、いわゆる血縁個体が遺伝子を残すことができるようにふるまうことです。つまり、血縁個体を助ける行動を行う個体（乗り物）の設計です。

血縁個体を助け、その血縁個体が遺伝子を次世代、つまりその血縁個体の子どもに残すことができれば、それは血縁個体を助ける行動を設計した遺伝子が（ちょっとややこしいですが）残って増えていくことになるのではないでしょうか。

そして、その血縁個体同士のことを一般に「家族」と呼び、「生物という存在の科学的正体」としての特性が、報酬のために「友情」なら裏切るが「家族の絆」は大切にする、という現象を生み出すのだと考えられます。

読者の方の中には、「でも……」と、疑問を発されたい方もおられるかもしれません。たとえば「家族より血のつながりがない(同じ遺伝子をもっていない)親友のほうを、より強く助けようとする場合もあるじゃあないか」……とか。「骨肉の争い」と呼ばれて、血のつながりがある家族の間で激しい闘いが起きる場合もあるじゃあないか」……とか。あるいは、個体(乗り物)が自分を破壊し、遺伝子も破壊してしまう「自死」も起こるではないか……とか。

仮にこういった質問があった場合、それに詳しく回答するととても長くなるので、重要なことだけに限ってお話ししましょう。遺伝子が残るためには、自分と同じ遺伝子をもっていない非血縁個体と協力して、自分だけでは得ることができない利益を得ることができる場合もあります。たとえば、ある動物を狩るとき、一人だけでは捕獲は無理でも、もう一人と協力し、追う役割と待ち伏せする役割とを分担すれば狩りは成功し、(遺伝子の乗り物には)獲物の半分が手に入る場合もあるでしょう。

「骨肉の争い」については、こう考えます。まずは、「たとえ、同一の遺伝子に設計されたヒトという乗り物でも、あるとき、同一の条件下に置かれたとき、必ずしも同一にふるまうというわけではない」ことは理解しておく必要があります。それは、遺伝子が、学習する回路ももった乗り物をつくっているからです。つまり、その個体(乗り物)が、それまでにどのような体験をしてどのような学習をしてきているかによって、「あるとき、同一の条件下に置かれ」ても、異なったふるまいをする可能性が高いのです。たとえば、やむを得ない事情で、血縁個体から協力を得られなかった体験を繰り返してきた個体は、潜在的には脳内に存在する「血縁個体協力特性(人類学では「縁者びいき」と呼ばれ、世界中の人類のほとんどに見出されている)」が学習によって抑制されることもあるでしょう。また因果関係を理解する思考回路が「血縁個体を出し抜いて自分だけが独占したほうが、遺伝子の拡散の可能性は高く、それが可能な状況だ」と判断したときは、血縁個体を出し抜く行動を行うこともありえます。そんなときに「骨肉の争い」は起こりえます。ただし「争い」自体は、非血縁個体との間と比べ、血縁個体との間では、格段に少ないのです。少ないからこそ、それが起こったときニュースになるのです。

「自死」については、いろいろな場合があるでしょうが、最も多いのは、脳が不調になって正常に働かなくなったときでしょう。脳も臓器です。心臓が心臓病になって正常に働かなくなったとき、なぜそんな自分（遺伝子）の拡散に不利なことが起こるような設計をしたのかとは問わないでしょう。病原体などの作用も含め、どんな臓器も病気になることはあるのです。

そういうわけで、生物と聞くと、我々は個体のことを頭に浮かべがちですが、「生物という存在の科学的正体」の断片は「個体とは遺伝子が、自分（遺伝子）がその後の世代において、より増えるべく設計された乗り物だ」というわけです。もちろん、遺伝子に意思などがあるわけはないです。でも、「その後の世代において、より増えるような乗り物」を、思考などによってではなく、単なる分子のランダムな突然変異で設計した遺伝子は、増えてしまうのです。現在我々が見ることができる生き物は、そういった経緯で存在するものであり、増えることをしない遺伝子は存続しないのです。

回り道をしたように思われるかもしれないですが、私は説明したかったのです。報酬のために「友情」なら裏切るが「家族の絆」は大切にする場合が多いのは、カラスに限らず、生物の基本的な特性の一つなのだ、と。

「渡り」をやめたツバメから見えてくるもの

身近な鳥の研究をもう一つ。イギリスに分布するツバメは、毎年、冬になる前に6000マイル（約9656㎞）離れた南アフリカまで渡りをします。寒いイギリスではなく暖かい南アフリカで過ごすためです。イギリスのツバメが南アフリカに渡っていることがわかったのは100年以上前の偶然の発見からで、その後も調査が継続され、その事実は確認されています。

1912年12月、南アフリカ共和国・ナタール州の農場で、7羽のツバメが捕まえられました。そのツバメたちの中に、18か月前、イギリス・スタフォードシャーにある家のポーチで、弁護士でアマチュア博物学者のジュン・マセフィールド氏がつけた脚輪をしている個体がいました。

ちなみにイギリス・スタッフォードシャーの家から南アフリカ共和国・ナタール州の農場までは、サハラ砂漠を横断して6000マイルの旅をしていることになります。マッチ箱ほどの大きさの鳥が、です……。

こうしたツバメの渡りは大昔から知られていました。紀元前500年ごろに作られたギリシャの壺には「もう春だ（Spring already）」という一文とともに、帰ってきたツバメを見上げる男性が描かれています。

しかし近年、暖冬が続いているせいか、冬季もそのままイギリスに居残るツバメが散見され始めているといいます。英国鳥類学協会のバードウォッチャーによる観察調査①の結果、2024年1月1日～2月1日の間に、ツバメをイギリス

① Swallows have started spending the winter in Britain instead of migrating 6,000 miles to South Africa, according to – British Trust for Ornithology

南部およびアイルランドで確認したという報告が100件以上寄せられたそうです。ちなみに、それぞれのケースで、発見された個体数は2羽から12羽だったそうです。

協会の科学部長ジェームズ・ピアース＝ヒギンズ氏は、「ツバメが生存できるほど冬が暖かいというのは数十年前には考えられなかったことでしょう」と述べています。また協会の最高責任者であるジュリエット・ビッカリ氏は、「ツバメの行動変化は、気候変動によって世界の温暖化が進んでいることを示す、これまでで最も顕著な兆候の一つです。今後、冬が暖かくなるにつれて渡りをやめるツバメがますます増えるかもしれません」と述べています。

以上で述べてきた現象は、イギリスのツバメが暖かい赤道付近に渡りを始めるかどうかを決めるとき、「気温」が一つの要因になっていることを示唆しています。

では、他種の鳥では、渡りを誘発するのはどのような刺激なのでしょうか。これまで、この問題について科学的に実験が行われた例を二つあげたいと思います。

一般的には「暖かい地域で冬を過ごした後、春に向けて日長が伸びるにつれ、その日長の伸びが刺激になり、性ホルモンの分泌量が増大し始め、ある一定量を超えるくらいになると（日長が伸びると）渡りの衝動が高まって渡りに移る」という説で説明されることが多いです。

たとえば、やまなし野鳥の会名誉会長だった故・中村司氏は、日本のオオジュリンのオスを対象にして、蛍光灯の光を一日9時間から一日15時間にまで徐々に伸ばして当てることを、複数の個体についてそれぞれの個体で繰り返して行い、その間、排出された糞の中に含まれる雄性ホルモン（テストステロン）の量を測定しました。その結果、日照時間が12時間になるとテストステロンの量が著しく増加したそうです。

この結果から、少なくとも、オスのオオジュリンでは日照時間が性ホルモンの分泌量を変化させ、渡りの開始を促している可能性が強く示唆されました。

いっぽう、ヨーロッパに生息するキタヤナギムシクイという鳥では、実験室内で温度を一定にし日照時間を12時間にしたグループと、赤道付近にあり一年中日

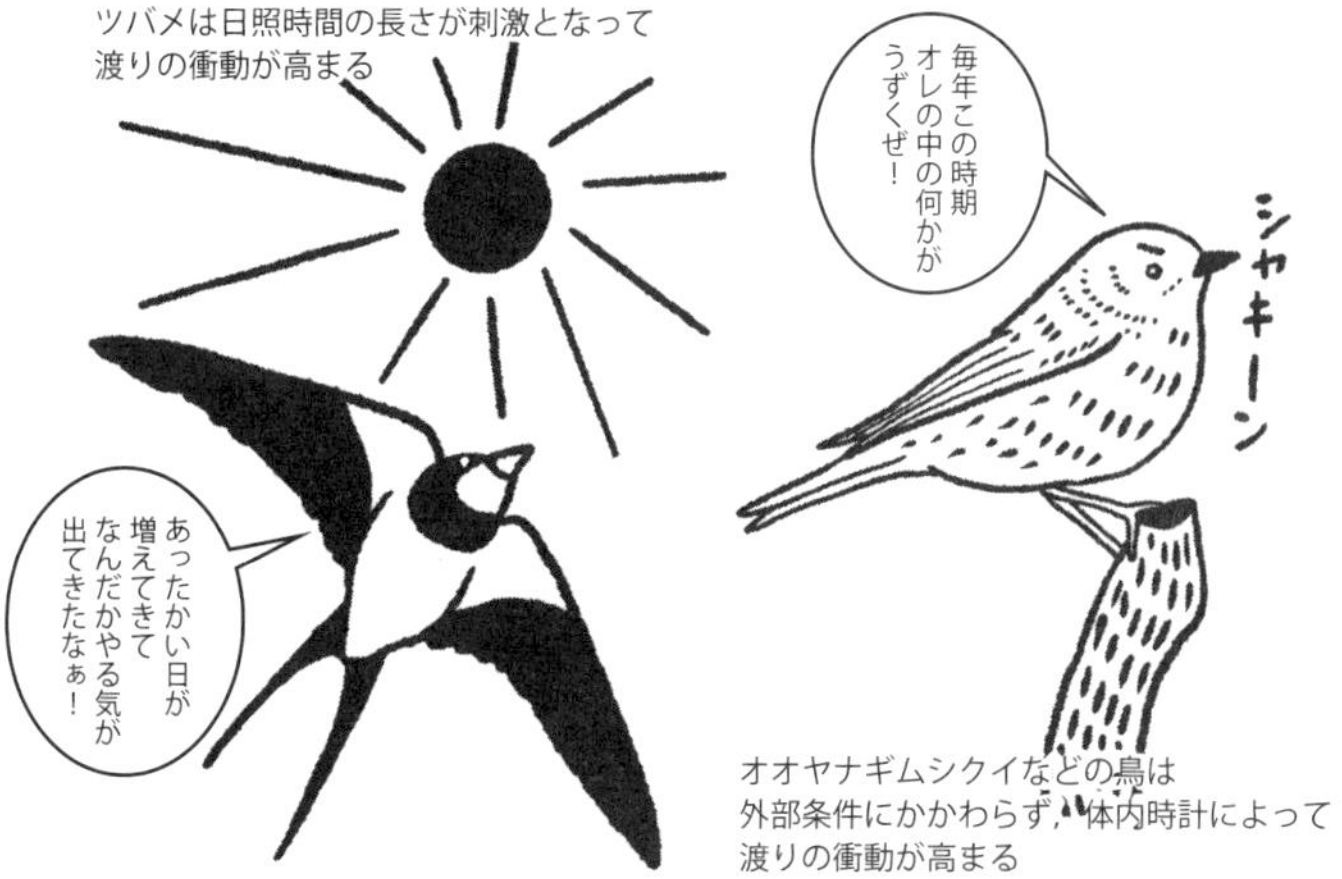
ツバメは日照時間の長さが刺激となって
渡りの衝動が高まる
あったかい日が増えてきてなんだかやる気が出てきたなぁ！
毎年この時期オレの中の何かがうずくぜ！
シャキーン
オオヤナギムシクイなどの鳥は
外部条件にかかわらず、体内時計によって
渡りの衝動が高まる

照時間や気温がほぼ変化しないコンゴ民主共和国で飼育したグループ、そして、ドイツで、季節の変化がわからないような環境下で飼育したグループ、の計3グループの行動の変化を観察した実験が行われました。

その結果、どのグループも、同じ時期に、同じ期間だけ、渡りの衝動が見られたといいます。この結果は、「いつ渡りを始めるのか」、「どのくらいの期間、渡りのために飛び続けるのか」は、外部要因によって決まるのではなく、鳥の体内時計に組み込まれた、一種の「時計」によって決められていることを示唆しています。

以上のような例を見ると、渡りの時期等が決まる仕組みは、種によって異なっているると考えたほうがよさそうです。その中に、ツバメのように、気温という外部要因が大きな要因になるものもある、ということなのでしょう。

さて、最後に、ツバメの行動学特性の理解の深化に寄与するのではないかと思われる、私のゼミの学生の前田さんの研究の一部の話をして終わりにしたいと思います。

近年、日本では（日本に限りませんが）、街の明かりが夜遅くまで、場所によっては一晩中コウコウとついている環境になっていますが、ツバメがヒナに餌を取ってくる行動がその影響を受けているのかどうか、つまり「夜間労働」をするツバメがいるのか、そして、もしいるとしたらどの程度の深夜労働なのかを調べました。季節は6月ごろのことでした。

結論から言うと、確かに夜間労働をする親ツバメは存在し、たとえばコンビニの、地上2・5mくらいのところにある突出物の上に営巣していたツバメのつがいが、30mほどの距離にある、かなり強い光で周囲を照らしているガソリンスタンドで、営業時刻の終わり午後9時30分まで餌取りに従事していました。そこには光に虫が寄ってきていたのです。

ちなみに、近くに特に明るい場所がないような建物や薄暗い無人駅に営巣したツバメでは、午後6時過ぎから7時前には「労働」をやめていました。

興味深いのは、コンビニや夜遅くまで営業しているスーパーに営巣したツバメは、営巣場所周辺は明るいのに、深夜営業は見られないということです。ある程度、離れたところに明るい場所が存在するということが重要なのかもしれません。

面白いと思ったのは、深夜労働するツバメは、しないツバメに比べ、朝から午後2時、3時ごろまでの労働量、つまりヒナに餌を運んでくる回数は明らかに少なかったことです。ツバメも深夜労働を頑張ると、朝や日中は疲れが出るのでしょうか。

ツバメの深夜労働に関する研究結果と、「冬が暖かくなると、冬になっても赤道付近に渡りをしなくなる」という結果は、いずれも、ツバメの一つの同一の特性に端を発したものかもしれません。

その特性というのは、「学習能力に長けていて、環境の変化に柔軟に対応する」というものです。それは、そもそも彼らが、人家は捕食者が少ないのでそこに営巣するようになったと考えられている現象の背後に見られる特性でもあります。

ただし、そういった柔軟に環境に対応する能力が実際にあったとして、それが、ツバメたちにどんな未来を提供するのか、ツバメたちを巻き込んだ生態系にどんな影響を及ぼすのか、たとえば、渡りをしなくなったツバメたちが世界中で増えてきたとき、何が起こるのか、危惧する研究者たちもいます。もちろん私もその中の一人です。

仕事をサボれば罰があるのは魚も同じ？

さて、身近な動物の最後を飾るのは魚です。

ここまで何度か登場していただいた大阪市立大学（現 大阪公立大学）の幸田正典氏たちの研究グループが、ネオランプロログス・サボリ（以後、サボリ）というスズキ目カワスズメ科の淡水魚を対象にした実験を通して得た結果①をお話ししましょう。

まずは背景から。サボリは、アフリカ・タンガニーカ湖に生息するシクリッドと総称される魚の一種です。雌雄が協力して、縄張りをつくって、その中で子育てをするのですが、孵化した子魚のうち、親の縄張りに居座って、卵、つまり自分の兄弟姉妹が順調に育つように、親を手伝って、巣に病原体がつかないように掃除をしたり、卵に酸素を含んだ新鮮な水が当たるように自分の鰭であおいで水を送ったり、縄張りの外から、卵を食べる可能性がある魚が侵入してきたら追っ払うなど仕事をする子が何匹か出てきます。

こういった個体を、動物行動学などではヘルパーと呼び、この行動は手助けを

① Punishment from dominant breeders increases helping effort of subordinates in a cooperatively breeding cichlid

受ける両親にもヘルパー自身にも、利益があるのではと考えられています。ヘルパーにとっての利益は、たとえば、親が何らかの理由で死亡するようなことがあれば、その縄張りを受け継ぐことができるし、親が死なななくても、その縄張りそのものではない縄張りの一部や隣接する場所を縄張りにすることができるということです。つまり、親にとっては、ヘルパーは、「仕事」をしてくれれば有り難いし、ヘルパーにとっては、親の縄張り内にいることが将来の利益につながるというわけです。

そんな背景の中で、「親は、『仕事』しないヘルパーに罰を与えて『仕事』をするように仕向けている」ことを示す実験の結果を今回、幸田氏たちは発表したのです。実験は次のようなものでした。

次のような三つの実験状況（①～③）が用意されました。

①の実験では親（雌雄のペア）とヘルパーがいつも過ごしている水槽（「棲み

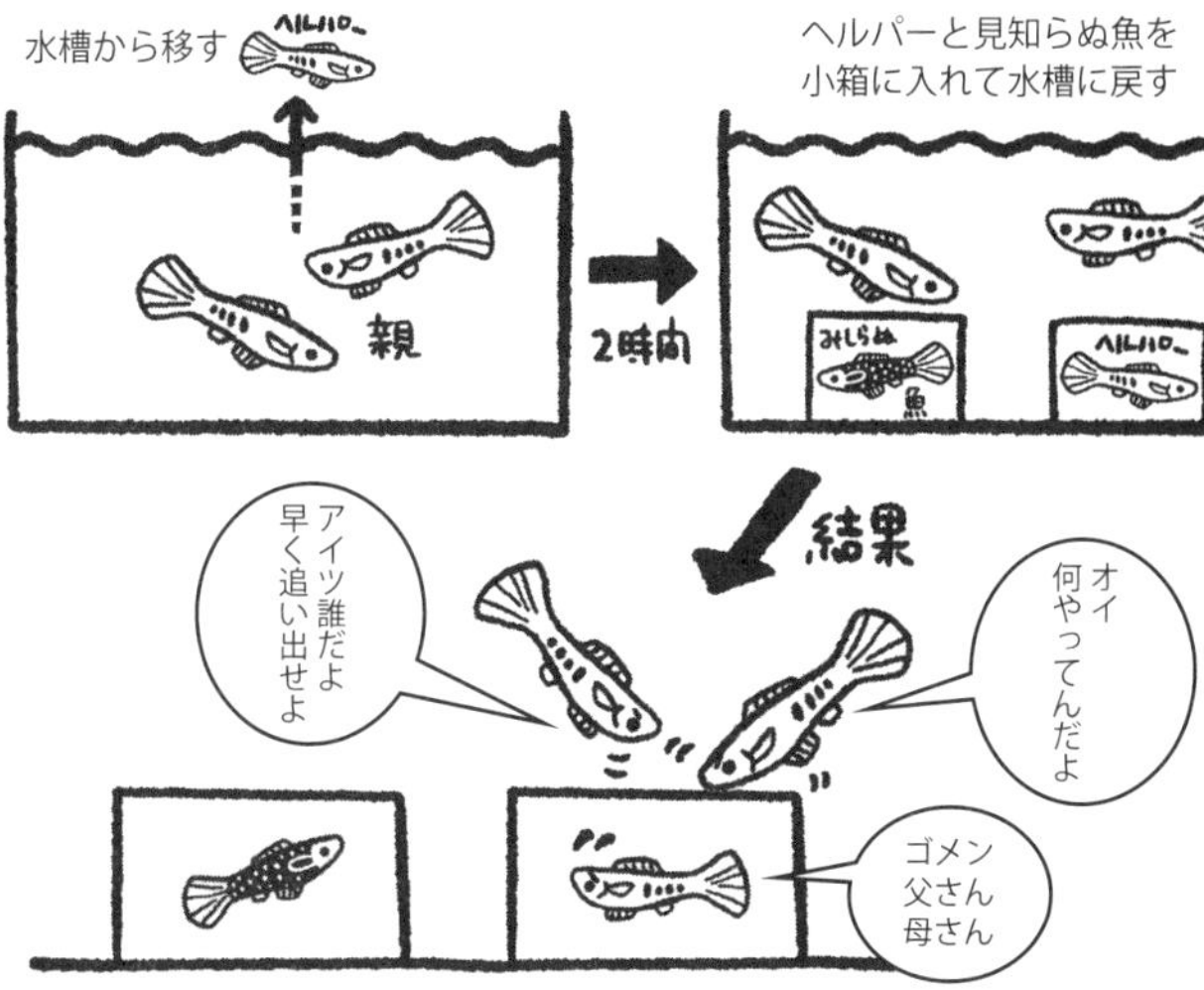

①実験

か水槽」）から、ヘルパーだけを、親には見えない別の水槽に移し、2時間経過した後（操作期間1）、ヘルパーを親がいる「棲みか水槽」に戻した。同時に、「棲みか水槽」には、透明の小箱を底に置き、その中に侵入魚に相当する、見知らぬ個体を入れ、「棲みか水槽」に戻したヘルパーも、透明の小箱を底に置き、その中に入れておいた（操作期間2）。つまり、親から見れば、「侵入個体がいるのに、ヘルパーはそれを追い出そうとはしていない」と見えることになると推察される。そして、その状態を10分間続けたのだが、その間、親は、透明の小箱の中のヘルパーを執拗に攻撃し続けた。ヘルパーは小箱の中に入れられているので親の攻撃が直接、体に当たることはなかったが。そして10分間の操作期間2の後、ヘルパーは小箱から出され、「棲みか水槽」の中を自由に泳げるようになり、仕事をいつもより熱心に行った。

②の実験では、まず、①の実験の場合と同じく、ヘルパーは、「棲みか水槽」から、ヘルパーだけを、親には見えない別の水槽に移し、2時間経過した後（操作期間1）、さらに2時間、その水槽に入れられた。つまり、4時間連続して別の水槽に入れられたことになる。それから、親がいる「棲みか水槽」へ戻された。ヘルパーを親がいる「棲みか水槽」に戻すと、ヘルパーはいつもより熱心に仕事を始め、親はヘルパーを少ししか攻撃しなかった。

③の実験では、最初の2時間は、ヘルパーは別の水槽に移されることなく、普段通り仕事をした。そして、その後3時間、親からは見えない別の水槽に移され、それから、親のいる棲みか水槽に戻された。そして、また普段通り、仕事を行っ

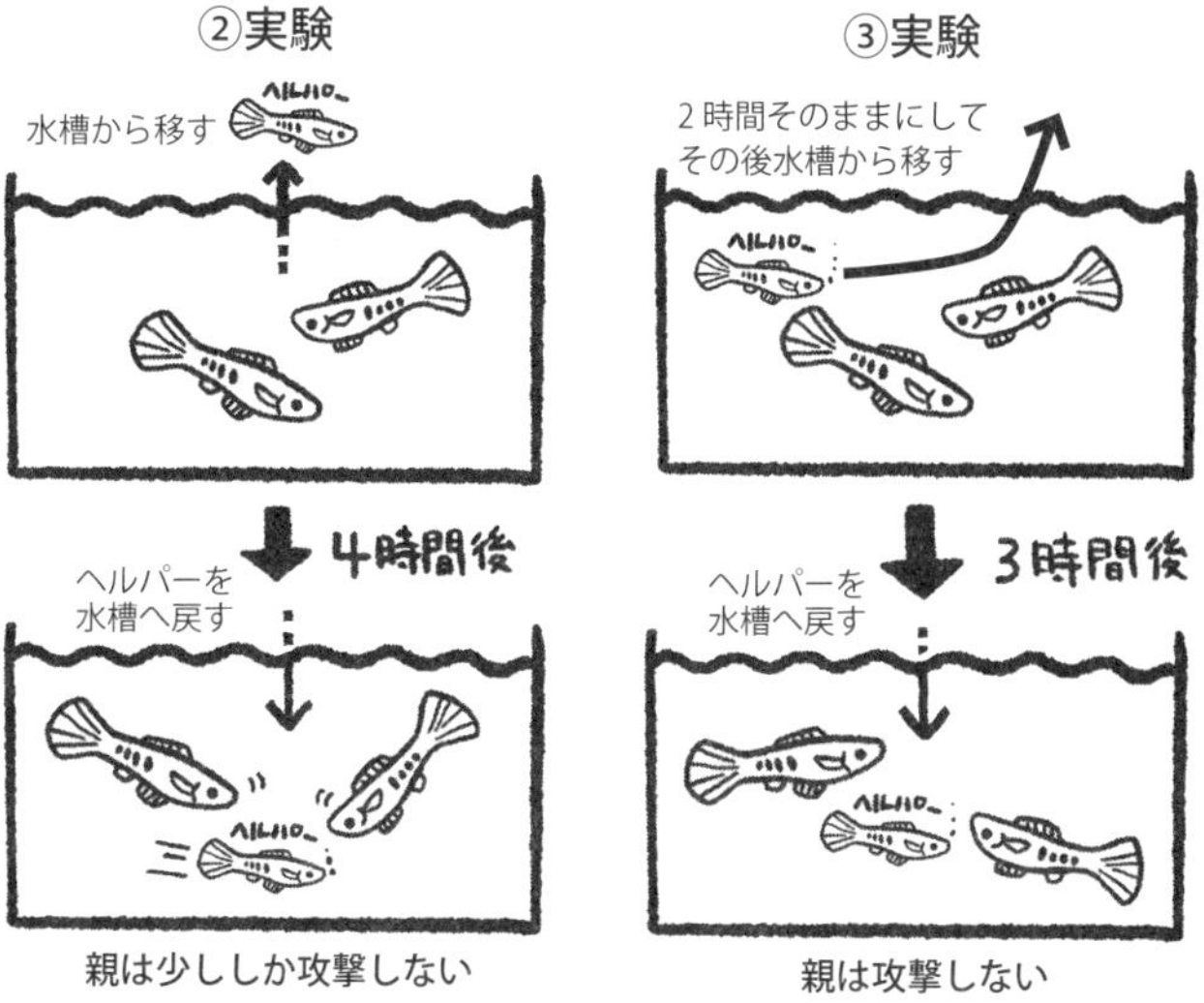

た。そんなヘルパーに対して、親は攻撃をすることはなかった。

以上の実験結果が示唆していることは次のようなことでしょう。「親は、ヘルパーが仕事をしないと攻撃して、仕事をするように仕向ける」、また「ヘルパーは、親からの攻撃を受けると、仕事を、より熱心にするようになる」。

本書の他の章でもあげているように、近年、ホモサピエンス以外の動物の認知や思考に関して、従来からの常識を覆すような発見が、世界中で次々になされていますが、そういった発見は今後も続くでしょう。動物の認知、思考には、いわゆる本能的な性質と学習が関与していることは明らかで、両者がどれほどの割合で、その発現に関わっているか、それぞれのケースで大きく異なるでしょう。

良い機会なので、本記事の研究の実施者である幸田氏たちの研究グループが以前行った、これも世界的に注目を浴びた魚を対象にした二つの研究についてお話ししましょう。

①ホンソメワケベラという魚の体に、この魚に寄生する虫に似たマークをつけ、水槽内で、自分の姿が映るように鏡を置く。すると、ホンソメワケベラは、鏡を何度も眺めるようになり、やがて鏡を離れて水槽の底に、ちょうど、寄生虫のマークがついている場所（体の表面の一部位）をこすりつけるような行動をとる。つまり、鏡に映っている魚を、「自分」と認識している。

また、ホンソメワケベラは鏡に映る自分の姿を見て、自分の体長を、かなり正確に理解することができることも実験により示された。実験により、ホンソメワケベラが鏡に映った自分の姿を見た後は、自分より大きいライバルに対する攻撃を減少させることが実証された。

②コンビクトシクリッドという、雌雄がつがいをつくる魚を対象にしての実験。水槽の中に「青い扉の部屋」と「赤い扉の部屋」が置かれ、メスとオスが青い部屋に入るとメスもオスも餌がもらえ、赤い部屋に入るとオスしか餌がもらえないようにして、しばらく飼育した。するとオスは、青い扉の部屋に入るようになった。

ところが、つがい相手のメスに代えて、見知らぬオスを入れると、水槽にずっといたオスは、赤い部屋に入るようになった。つまり、少なくともオスは、つがい相手のメスを、利益を与えたい個体として認知しており、それ以外の見知らぬ個体を、利益を与えたい個体とは認知していない、という可能性が高いわけだ。

「個体（正確には、個体の設計・組み立てを行っている遺伝子）が、より増えていくような形態や行動、認知、思考の様式を有する個体が世代を経て増えていく」

という進化の仕組みを考えるとき、「サボるヘルパーへの罰」、「『自分』という認識」、「自分と利益を共有する個体への協力」といった特性が、それぞれ固有の生活様式をもつ、サボリやホンソメワケバラ、コンビクトシクリッドにおいて進化することは合理的なことだと思われます。我々ホモサピエンスが驚くのは、彼らの、脳を中心とした行動、認知、思考の系の進化の度合いです。よくそこまで進化したものだ、という思いです。漫然と観察していただけでは、そこまでの能力を発見することはできなかったでしょう。

これらの発見は、それぞれの種の生物学的特性の理解を深めると同時に、もしそれが、我々ホモサピエンスの行動、認知、思考とも重なるのであれば、ホモサピエンスの特性の理解の深化にもつながります。

たとえば、ホモサピエンスにおいては「自分」という認識の進化的利益の一つは、「自分の心理を知ることによって、他人の心理もある程度予測でき、『同情や思いやり』、『騙し』も含めて、相手に対してどのように接することが自分の利益につながるかを判断することを可能にしてくれる」と考えられています。

ホンソメワケベラにおける「自分」という認識の発見は、それが、ホモサピエンスの場合の「自分」認識とどのように異なり、どのような利益を生み出しているのか、など、さまざまな疑問を生み出し、ホモサピエンス自身の心理特性の理解の進歩にもつながるでしょう。

5章

いろいろあります……
複雑な親子関係

それぞれの出産・子育て

卵を捨てる親、他のきょうだいの餌にする親

さて、最後は動物たちの親子関係の話です。

ニュージーランドの孤島に生息するシュレーターペンギンは、最初に産んだ卵を捨てて、2番目の卵だけを育てるという習性をもっていることがこれまでに知られており、その習性は研究者たちにとって、長年謎になっていました。

なぜかと言うと、生き物の世界では、各々の種の生息環境の中で生存・繁殖により有利な特性を有するようになった個体が増え、そうでない個体は減少していくという進化の仕組みがあるからです。その観点で見れば、産卵は多大なエネルギーを消費するため、進化の仕組みを考えると、せっかく産んだ卵を捨てる行動を行う個体は減少するはずだと考えられるからです。

そんな中、ニュージーランド・オタゴ大学の研究チームは、この謎の解明のヒ

ントになる事実を明らかにし学術誌に発表①しました。研究チームは、シュレーターペンギンが生息するニュージーランドのアンティポデス諸島、バウンティ諸島で約2500時間に及ぶ観察記録を取り分析しました。その結果、次のような事実が明らかになったのです。

①シュレーターペンギンのメスは、通常、5日の間隔をあけて二つ目の卵を産む。計158個の巣から一時的に採取した卵を比較したところ、最初に産んだ卵と2番目に産まれた卵は大きさがかなり異なり、2番目に産まれた卵は最初の卵より平均して85%も大きかった。

②シュレーターペンギンは、大抵卵を岩場の上にそのまま産み落とし、最初の卵は全く放置される。時には、親鳥が最初の卵を割ってしまうケースもあった。

要するにシュレーターペンギンは、小さい卵を最初に産み、次にそれより大きな卵を産むと、最初の卵は捨ててしまうということです。研究チームの主任ロイド・デイビス氏は、進化の仕組みも念頭に置いたうえで、この行動が起こる理由

① The breeding biology of erect-crested penguins, Eudyptes sclateri: Hormones, behavior, obligate brood reduction and conservation

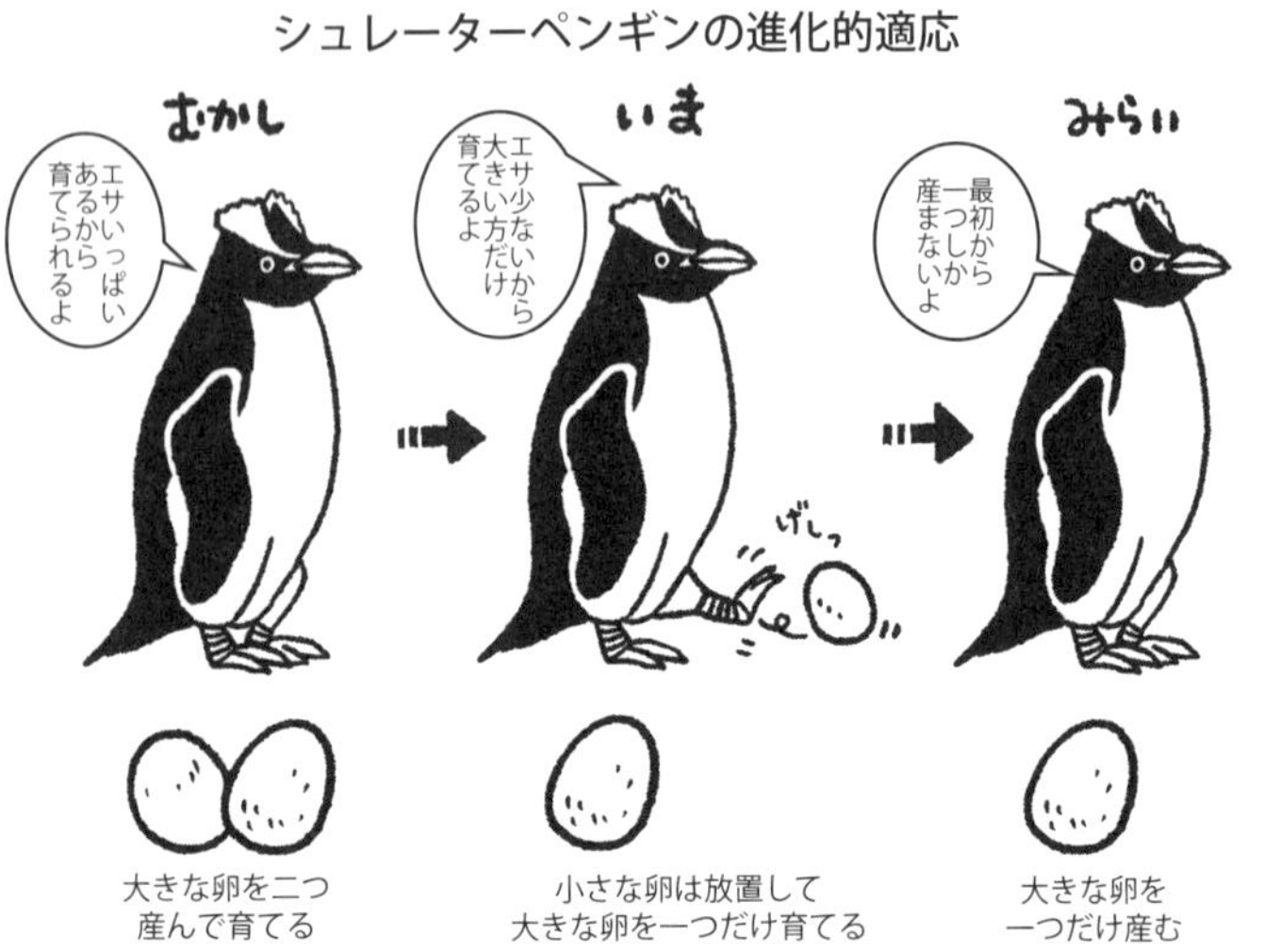

として以下の二点をあげています。

①シュレーターペンギンの親は、沖合で餌を取り巣まで戻ってくるのだが、ヒナ2羽が育つのに十分な餌を調達することは難しい。両方死なせるより大きなヒナが生まれる（たくさんの卵黄をつぎ込んだ）大きな卵のほうだけを確実に温めて世話するほうがよいだろう。

②仮に①の説が正しいとしたら、「大きな卵を一つだけ産めばよいのではないか」と考えるだろうが、おそらくシュレーターペンギンの祖先は卵を2個産んで2個とも育て

ていたのだろう。もしかすると、そのころは沖まで行かなくても、もっと海岸寄りで餌が捕れ2羽育てることが可能だったのかもしれない。その習性がまだ完全にはなくなっていないのではないか。つまり進化的適応のプロセスの中間段階ではないか。

ちなみに、②の中の「進化的適応のプロセスの中間段階」ではないかと思われる現象は他にもいろいろ知られています。私自身もそうではないかと思われる現象を密かに抱えています。

それはシジュウカラの卵の斑点模様です。シジュウカラは木の空洞や石垣の隙間等、外からは見えない場所に巣を作って卵を産みます。

ホモサピエンス（私）が、ニホンモモンガの調査のために、木の幹の地上6m地点に巣箱を設置すると、ときどき、その巣箱の中にも産卵します（外からは全く見えません）。

鳥の卵の色模様については、かなりの確率で次のようなことが知られています。卵を外から見える場所に産む種の場合、卵の表面は、背景の巣の色や模様に溶け込むような、まだらや斑点の模様になっており、いわゆるカムフラージュされています。いっぽう、外から見えない場所に卵を産む種では、卵は全面白いのです。

まだらや斑点の模様の卵を産むためには、メラニンを主とした色素を大量に生産しなければならないため、そのために消費するエネルギーも少なくありません。したがって、外から見えないのであれば、そんな無駄なエネルギーは使わず、他の繁殖に利益になることに使ったほうが進化的に有利であり、だから、卵は白色になるというわけです。

この仮説を強く支持する身近な例として、ツバメ類の卵の比較をあげておきましょう。農家や市街地の家の玄関に、近くの田圃や河川の岸辺等から土を運んできてお椀状の巣を作るツバメの巣は、外から見ることができます。卵は上から丸見えです。

いっぽう、同じ土で巣を作るが、巣が天井にへばりつくように、かつ形がとっくり形でそのとっくりの底のほうに、正確には、とっくりは垂直に切ってそれが天井に、水平にへばりついているようなところ卵を産むコシアカツバメやイワツバメの場合、卵は外からは全然見えません。それで、これらの鳥たちの卵の模様は？というと、ツバメの卵はまだら状に黒色や灰色の斑点で彩られており、コシアカツバメやイワツバメの卵は、真っ白です。

以上のような事実から考えると、シジュウカラの卵は真っ白であるはずなのですが、薄茶色っぽい斑点がついているのです。私は、これは、外から中が見えるような状態の巣の中に産卵していたシジュウカラの祖先種から、現在のように外からは中が見えない巣に産卵するようになったシジュウカラへの進化に、まだ卵の色が追いついていない状態、つまり、「進化的適応のプロセスの中間段階」だからではないかと密かに推察しているのです。実際、シジュウカラの卵の斑点は、いかにも薄くてはかない、「これから私は消えていきます」とでも言っているかのようです。

私が生きている間に、自然選択は十分に進み、シジュウカラの卵も全体が白くなるのかどうか、今、楽しみにしているところです。実を言うと、たくさんのシジュウカラの卵を見てきた私は、ほとんど全体が白い卵も見たことがあるのですが。

ここで繰り返して言いますが、デイビス氏が推察するように「シュレーターペンギンの祖先は卵を2個産んで2個とも育てており、その習性がまだ完全にはなくなっていないのではないだろうか。つまり進化的適応のプロセスの中間段階ではないか」という可能性はありうることではないでしょうか。

ところで、卵について進化的適応のプロセスを、一応の最終段階まで進んできたのではないかと思えるような、ちょっと驚きの習性をもつ鳥がいます。

ヤツガシラという名前の鳥で、ユーラシアとアフリカの両方に広く分布しており、冬に日本で見られることもあります。「肉食」寄りの雑食性の渡り鳥です。

ヤツガシラの親鳥が、巣の中のヒナをくわえ、別のヒナの口に放り込むことは以前から知られていました。この行動に関する、スペインの高等科学研究院のチームによる詳細な研究によってわかったのは以下のようなことでした。

①ヤツガシラのメスは、産卵期の最後に小さめの卵を産むことが多い。特に餌が豊富な時期には、ほとんどのメスでそんな行動が見られる。

②最後に生まれた小さめの卵から孵化したヒナは、体も小さく、母親はそのヒナを嘴ではさみ、それまでに孵化している大きなヒナの口へ入れ、食べさせる。

つまり、ヤツガシラは、メスは通常の産卵の後、プラス1個の小さな卵を、兄や姉のために産むのです。豊富な餌を最後に産む「小さな卵（ヒナ）」という、腐らない動物性栄養物として保存し、他のヒナに与えることによって巣立ちに成功できるヒナの数を増やしているわけです。また、実験によってこの点も検証されています。

ホモサピエンスとしては、シュレーターペンギンの親の行動もヤツガシラの親の行動も、正直言って複雑な気持ちを湧き立たせますが……。

イルカのお母さんの赤ちゃん言葉

マザリーズ（Motherse）という言葉をご存じでしょうか。日本語は、ジャパニーズ（Japanese）、中国語はチャイニーズ（Chinese）……こんな感じで、最後にseをつけて「○×語」という意味になることが英語ではときどきあるのです。

マザリーズは、いわば、母親語とでも言うべき造語で、私が大学生だったころ、Motherseを提案する論文を読んだ記憶があります。Motherseの特性についてはは後述しますが、そのころからホモサピエンスの行動にも大変興味をもっていた私は、なるほど、そうか！なぜ気がつかなかったのだろうか、と思ったものでした。その論文を発表した研究者について、失われた記憶を手がかりに、ほうぼう探した結果、行きついた先はオランダ・アムステルダム大学のカサリン・スノー氏でした。氏は、母親と赤ん坊の音声によるやりとりを記録し赤ん坊の言語発達も含めた、母－赤ん坊の相互作用を分析する中で次のようなことに気がついたといいます。

「母親が赤ん坊に話しかけるときの音声は、通常、母親が赤ん坊以外のホモサピエンスに話しかけるときの音声より、音程が明らかに高い」

そして、後の氏の調査によって、この現象は調査した国々では例外なく見られる現象であることを確認し、これはホモサピエンスに普遍的な特性と考え母親が赤ん坊に話しかけるときの「言語」をMotherseと呼んだということです。

確かに、日本でも、母親が赤ん坊に話しかけるとき、声が高くなることは我々自身の体験からも十分、納得できる現象であると言えます。最近は、母親に父親も加わって、ペアレンティーズ（Parentese）という用語も使われているようで、さらには、親以外のホモサピエンスもMotherseで話しかける傾向があることも、我々は体験的に知っているのではないでしょうか。

ちなみに、私は、「母親だけに限らないのですが、なぜ母親が赤ん坊に優しく声をかけるとき、音程が高くなるか」については、大昔から（！）、ある主張をしています。それは以下のような主張です。

「相手に親愛的な気持ちを伝える場合と、威嚇的・敵対的な気持ちを伝える場合とでは、音声の特性は反対になる。それは当然で、前者の気持ちを伝える信号は、後者の気持ちを伝える場合には極力隠さなければならない。逆もまた同じである。そして、威嚇的・敵対的な気持ちを伝える場合の信号は、ホモサピエンスやイヌでもわかるように、低くてドスが利いたようなあるいは唸るような低い声である。低い声は、本来、体が大きくなくては出せない声であり、アカジカやヒキガエルではオスがメスをめぐる争いのときは、明らかに一方のほうが他方より低い声を出せば、その時点で前者の価値が決まる。こういった一連の事実を考えると、ホモサピエンスでは相手に親愛・友好の気持ちを伝えるためには、低くてドスが利いたような声を隠すような高めで穏やかな声で話しかけるほうがよいだろう」

高めで穏やかな声というのは、本来は体が小さい個体が発する声の特徴です。物理的な理由でそうなってしまう傾向があるのです。そしてそんな声を聞いたら、こちらの気持ちも、警戒心を解いた安心した状態になるのではないでしょうか。

また、ホモサピエンスでは、赤ん坊に限らず親しい個体同士、たとえば仲がう

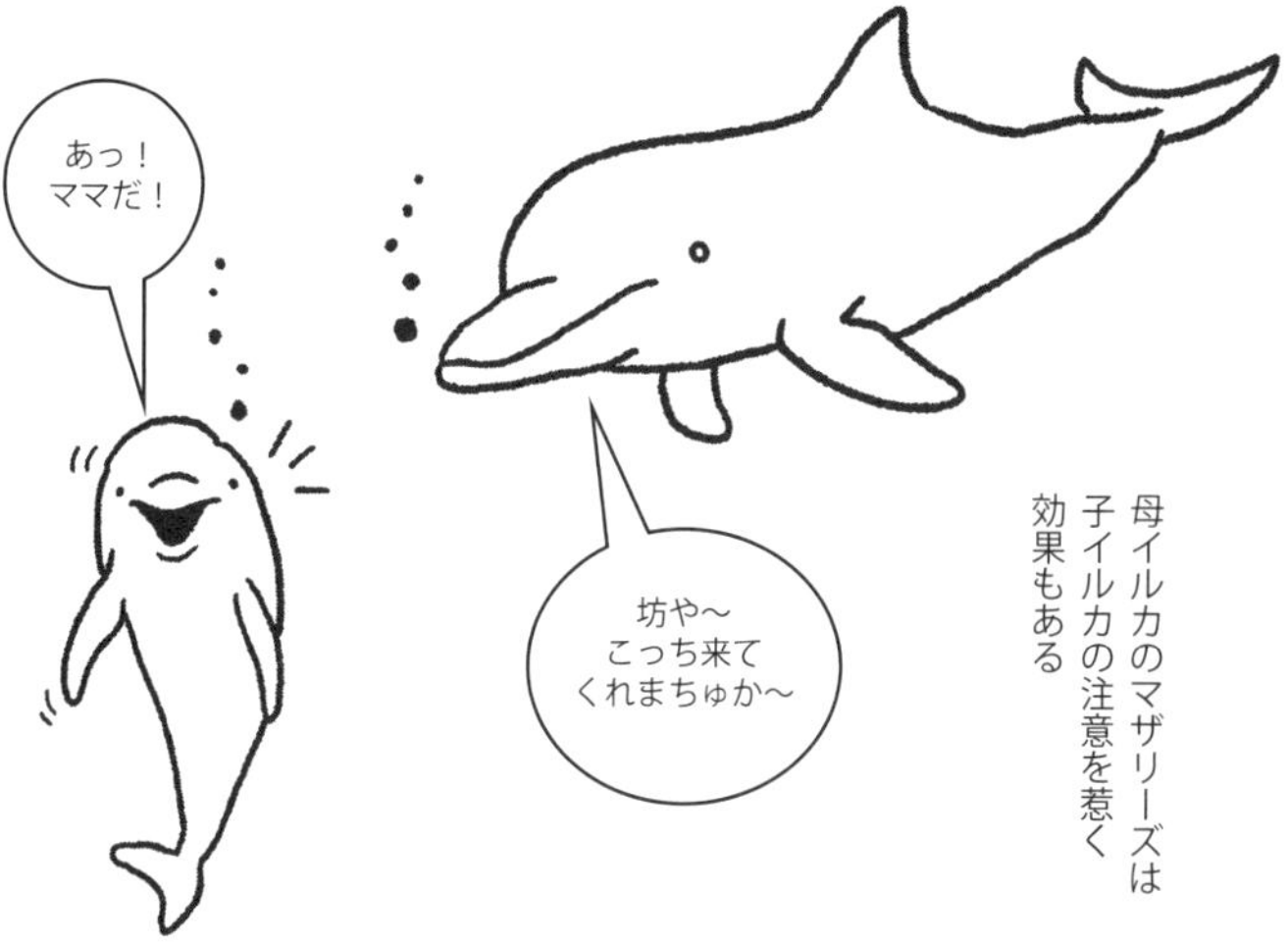
あっ！
ママだ！
坊や〜
こっち来て
くれまちゅか〜
母イルカのマザリーズは
子イルカの注意を惹く
効果もある

まくいっている恋人同士の間などで、挨拶や会話などが交わされる声も、音程が高めの場合が多いはずです。理由は、赤ん坊への話しかけの声が高くなるのと同じことです。

さて、イルカの話です。イルカにおいても、母親が子イルカに話しかけるときは、音のピッチを高くしたり、音の領域を幅広くしたりして、独特の鳴き声を用いていることがわかりました。①発見したのはスコットランド・セントアンドリュース大学の生物学者ピーター・タイアック氏の研究チームです。そし

① Bottlenose dolphin mothers modify signature whistles in the presence of their own calves

て、研究チームはイルカ版Motherseが発される理由として、次のような推察をしています。

Motherseは、子イルカの注意を高める効果をもっており、母親がそれを使うことによって子イルカの発声も含めた行動の学習をより向上させているのではないか。

私も、タイアック氏たちの論文によってはじめて知ったのですが、ホモサピエンスの幼児も音程が高い声、つまりMotherseに対して、それ以外の声に対してより注目する度合いが高いことを示唆する研究が1980年代に行われているのだそうです。

いっぽうで、私の主張、「相手に親愛的な気持ちを伝える場合と、威嚇的・敵対的な気持ちを伝える場合とでは、音声の特性は反対になるため友好的な相手には高めで穏やかな声になる」という推察も、またおそらく的を射ているでしょう。

Motherse の背景には、私の主張の内容も関係していることは、おそらく確かであり、「ホモサピエンスの幼児も、音程が高い声、つまり、Motherse に対して、それ以外の声に対してより注目する度合いが高い」という推察と私の主張とは協力的で、相補的で親愛的な関係なのだと思います。互いの説が話し合いをするときは、どちらも Motherse を使うべきでしょう。

動物たちは子どもをどんな形で産み育てるか？

親が受精卵、そしてそれが細胞分裂することによって生じる胚や子どもに対して、どのように接するか、たとえば体外に出して放っておくとか、体内でかなり長い期間育て、その後体外に出してからも保育・保護をするかどうかなどは、動物の世界では実にさまざまです。さらに言うなら動物だけでなく、植物や菌類など他の生物群でもさまざまです。その実態をザッと見た後で、ヒトデの驚くような特性の理由を理解していただくのがよいでしょう。

哺乳類や鳥類、爬虫類、多くの節足動物（昆虫類や甲殻類、クモ、ムカデなどを含む分類群）のように体内受精（メスの体内にある卵にオスの精子が送り込まれて行われる受精）では、とりあえず受精卵はメスの体内で一定の期間守られます。その後、受精卵のままメスが体外に出す場合もあるし、受精卵がある程度成長してから体外に出す場合もあります。

前者の場合、大抵は乾燥を避けるため卵はカルシウムが主成分の殻で覆われています。殻で覆われた受精卵のその後は種によってさまざまです。

節足動物の中には、木の幹や葉にくっつけたり、水中に生んだりして「はいそれじゃあ」と離れていくものが多いのですが、ワラジムシのように受精卵を母親が腹の袋（育嚢）に入れてそれから卵が孵化するまでずっと育嚢内で守る種もいます。コオイムシやコオイグモのように受精卵を体外に出した後、父親や母親が、受精卵やその後成長した幼体を自分の体にくっつけて保護する種もいます。

巣のような覆いや部屋を作ってその中に卵を産み、その後のお世話はしない種もいます。これはクモ類に多いです。逆に、その後も手厚い世話をする種もいま

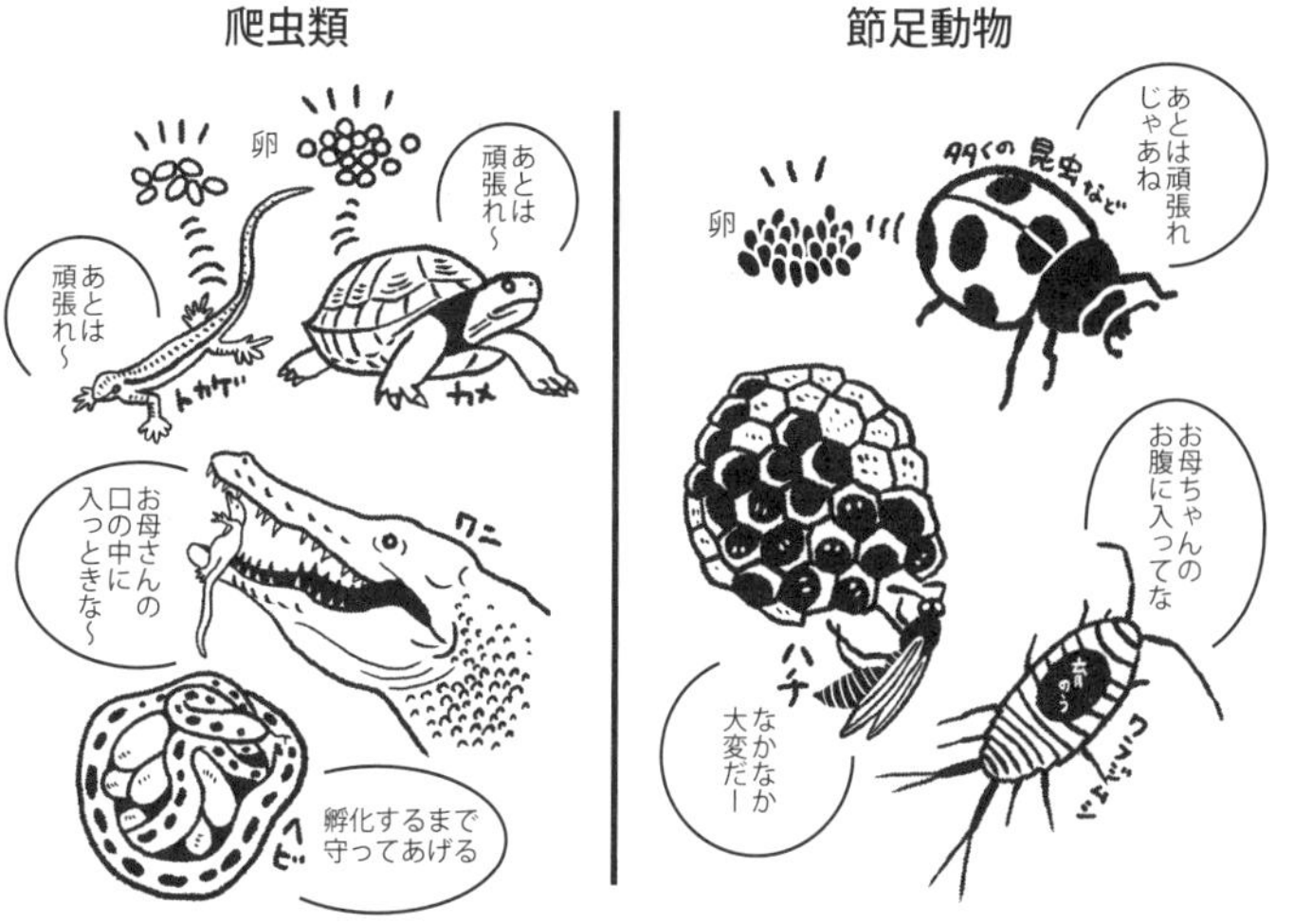

す。よく知られているのはミツバチなどのハチ類でしょう。巣を作り餌を与え外敵から子を守ります。意外な種としては、オーストラリアに生息するヨロイモグラゴキブリがあげられます。土中に巣を作り、つがいで、餌やりも含めた子育てをします。

爬虫類でも事情は同じです。多くのトカゲ類、カメ類など、土中などに穴を掘って卵を産み付け、そのまま立ち去る種もいれば、ニシキヘビのように卵のそばにとどまる種もいます。メスのニシキヘビはオスとの交尾後、落ち葉を集めて巣を作り、そこに産卵し産卵後も殻に包まれた受精卵に寄り添い、殻内で発生し幼体になって孵化するまで寄り添って保護します。

また、アメリカアリゲーターやナイルワニなど、ワニの中には泥や草などで巣を作り、その巣の中に卵を産みメスが近くにいて天敵から卵を守る種も知られています。孵化後も、子ワニたちを口の中に入れて水場に運び、子ワニたちを見守り続けます。その期間は数年に及ぶこともあるといいます。

鳥類では、ほとんどの種が巣を作り卵を温め、孵化後も餌を与えます。

カッコウのように、他種の鳥の巣の中に卵を産んで、抱卵や給餌を托卵先の鳥に任せる鳥（3章カッコウの托卵を参照）は別にして、抱卵や給餌をしない現存の鳥を私は一種知っています。

ツカツクリという鳥です。ツカツクリは土と枯れ葉で大きな塚を作り、その塚の中に卵を産みます。保温には、枯れ草の発酵熱を利用し、オスが近くについていて塚が熱くなりすぎると枯れ葉を少なくしたり、水をかけたりして温度調節をします。塚の中で孵化したヒナは、塚から外に出てからは自分で餌を取ります。

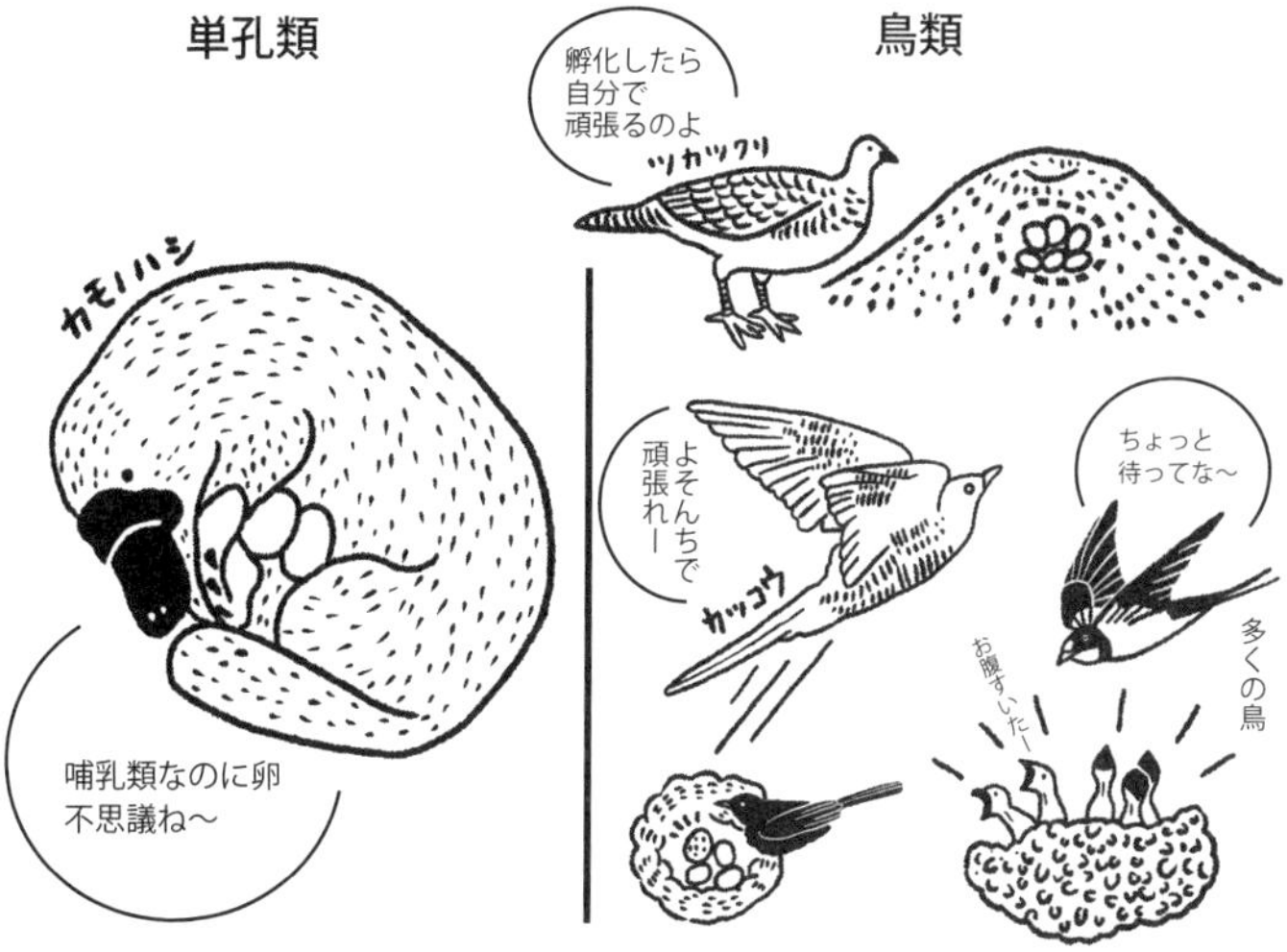

カモノハシやハリモグラなどの極々一部の単孔類と呼ばれる哺乳類は受精卵を体外に出し、母親が腹部の乳腺から乳を出して孵化した子どもに与えます。現存の哺乳類では、この単孔類を除いて胎児の状態の子どもは母親の胎内で過ごします。ただし、胎児の状態はカンガルーやフクロモモンガなど有袋類と有胎盤類（ヒトやニホンモモンガなど）でまた異なります。有胎盤類の場合は胎児が母親の胎内にいるとき、胎盤を通して母親の血中の酸素や栄養が、母親から胎児へと送ら

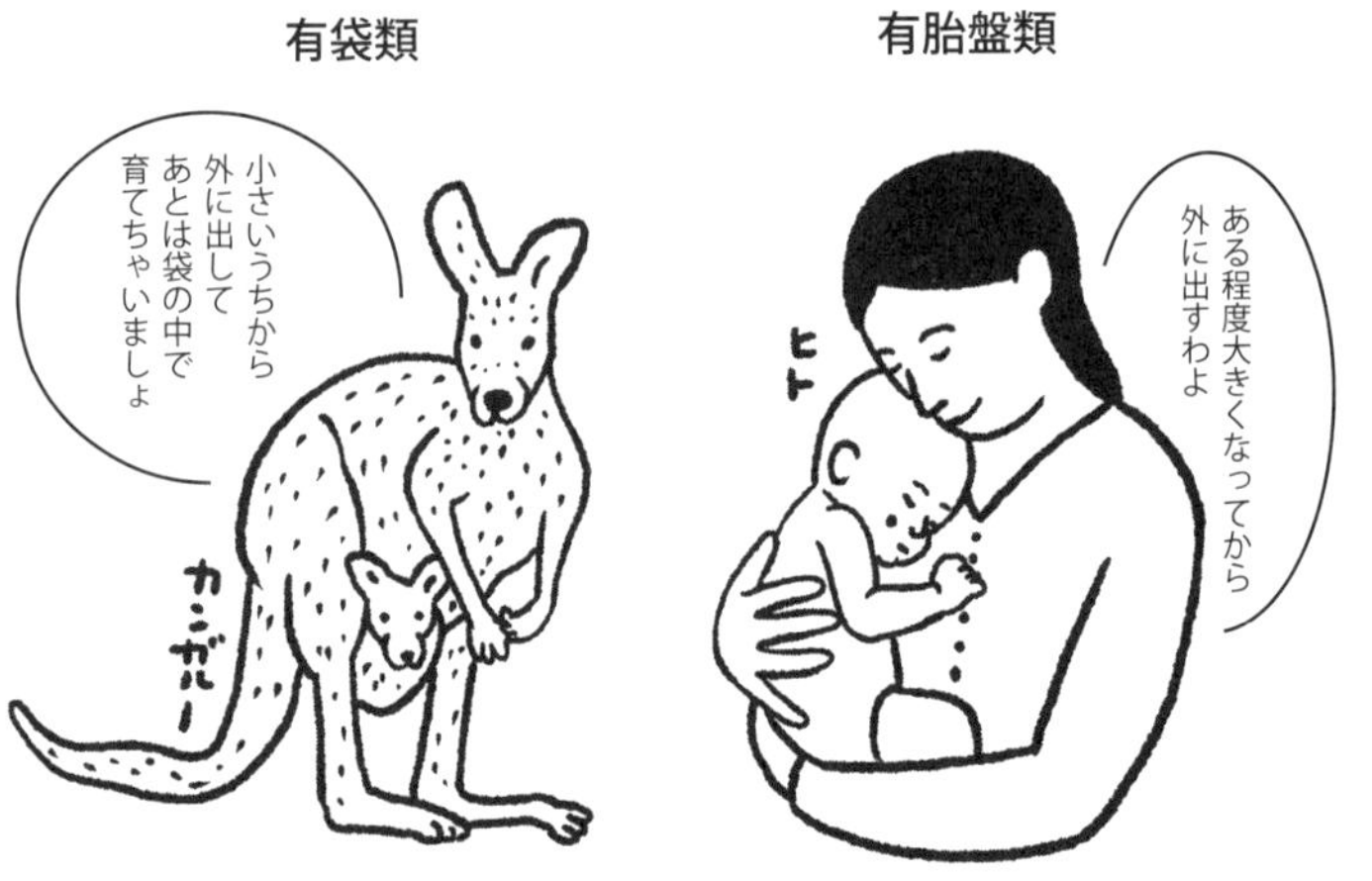
有袋類
小さいうちから
外に出して
あとは袋の中で
育てちゃいましょ
カンガルー
有胎盤類
ある程度大きくなってから
外に出すわよ
ヒト

れます。そのため胎児はある程度大きくなってから母体から外に出てきます。要するに出産です。

有袋類は胎盤がないため、大きくなった胎児を体内でしっかり支えることができず、また体内でたくさんの栄養を胎児に与えることができません。したがって胎児がまだ小さいときに母体から出され、体外に用意された「袋」の中で乳腺から出される乳を吸って成長します。いずれにしろ、哺乳類では、子どもは受精卵から胎児、そして幼体に至るまで母親由来の卵黄、栄養、母乳で育つのです。多くの哺乳類はメスやオスが子どもを守り、餌を確保して子どもに与えることなども考慮すると、まず間違いなく子育てに最もコストをかける分類群だと言えるでしょう。

以上、体内受精を行い、まずは受精卵がメスの体内に保持されるいくつかの動物分類群、すなわち節足動物、爬虫類、鳥類、哺乳類が、子どもにかける労力についてお話ししてきました。

続いて体外受精、つまりメスが卵を体外に出し、それにオスが精子をかけて受精が起こる生殖活動を行う魚類、両生類について、彼らの子育ての実態を見てみましょう。魚類では、大まかに次の三つに分けられます。

①メスが卵を体外に出して、それにオスが精子をかけて受精が行われ、受精卵はそのまま水中を漂ったり、水底に落下したりして、胚↓稚魚へと成長する。魚類の中では最も多く見られる様式である。

このケースは、周囲に稚魚の餌になるものが比較的多く存在する海産魚で見ら

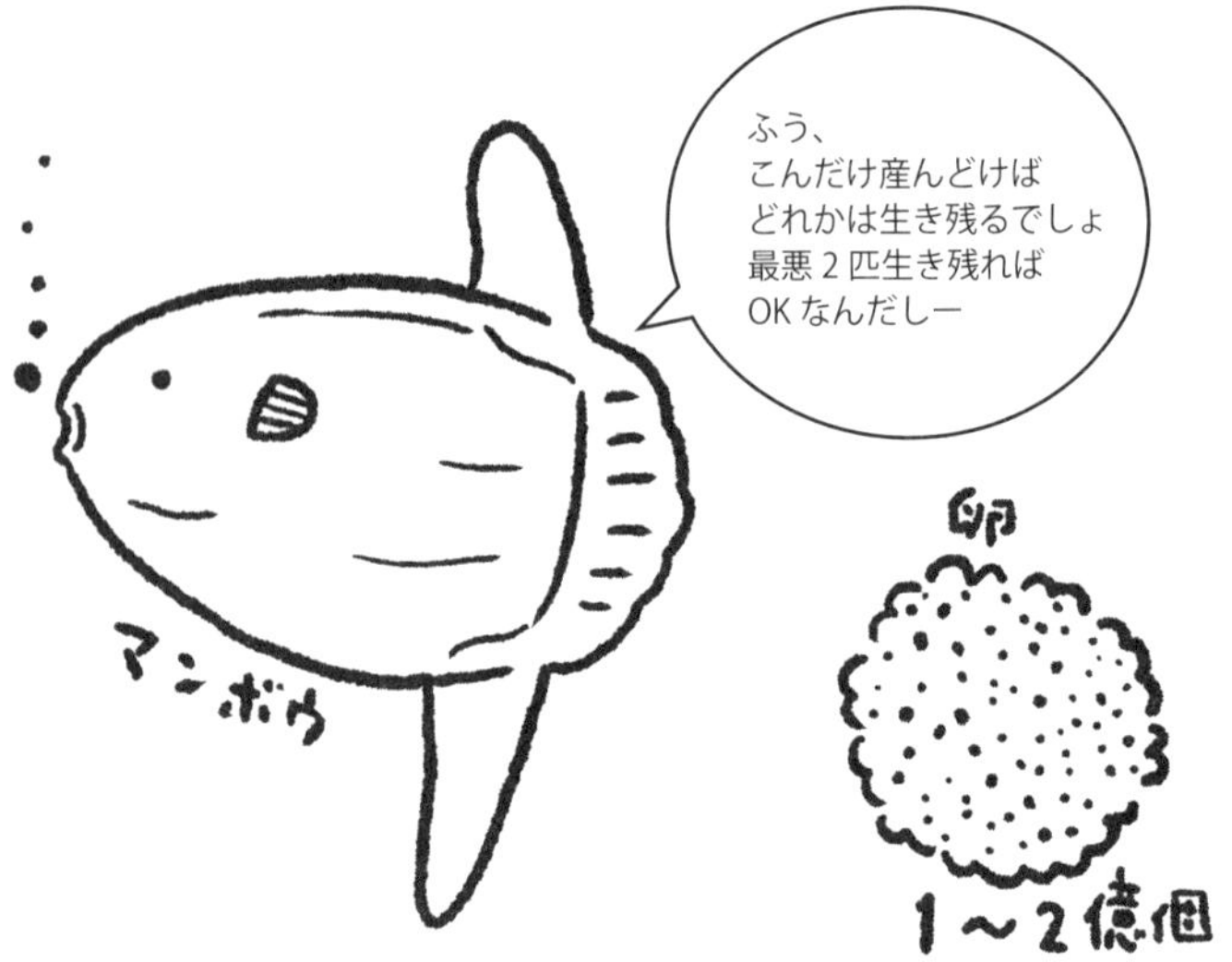

れ、一つの卵のサイズは小さく、数が多いです。現生の魚類で最も卵数が多いのはマンボウで、一回の産卵数は１～２億個だと言われています。

こういった様式の産卵は「多産戦略」と呼ばれます。小さな卵をたくさん産んで、そのうちの多くが食べられたとしても、最低２匹は成魚まで生き残るというわけです。父母の親魚から２匹の成魚が残れば、理論的には、群れ内の個体数は代々、維持されることになります。

卵の大きさが小さいということ

は、子どもの弁当と言える卵黄が少ないということなのですが、周囲に子どもの餌が比較的多くある環境では母親がもたせる弁当は少量でよく、したがって小さな卵を産む戦略が有利になると考えられています。

②水底に穴を掘ったり、親が枯れ草などで巣を作ったりして、その中に産卵する。それに加え、（大抵は）オスが受精卵に寄り添って酸素をたっぷり含む新鮮な水を鰭で送ったり、卵を食べようとして近づく敵を追い払ったりする場合も多い。

胚や稚魚が、餌を得ることが難しい環境であったり、捕食者が多い環境であったりする環境では、卵黄＝弁当の量が多くなります。必然的に卵の数は少なくなりますが少数の子どもを親が守ることで、生き残る子どもの数を少しでも増やそうとする戦略です。

こういう戦略は淡水の河川などに生息する魚類によく見られます。いくつか例をあげてみましょう。サケ類では、メスが川底を掘ってくぼみを作り産卵し、その後、オスが精子をかけて受精させます。その後、メスは1週程度、受精卵を守り死んでいきます。オスは精子をかけた後、まもなく死にます。

スズキの仲間の淡水魚であるオヤニラミは、葦などの植物の茎にくっつけるようにメスが卵を産み、オスが精子をかけた後、孵化までオスが子どもを守ります。ちなみに魚での「托卵」は、このオヤニラミで知られており、ムギツクという魚は、オヤニラミの受精卵がくっついている植物の茎に受精卵をくっつけ、オヤニラミのオスに、ムギツクの受精卵の世話を任せてしまうのです。オヤニラミは自分たちの受精卵とムギツクの受精卵とを区別することができないのです。

淡水の湧水池に生息するイトヨは、水底に枯れ葉等を集めて巣を作ります。その中にメスが入って産卵し、続いてオスが精子をかけます。オスは巣の中の受精卵を守り、同一の巣の中で複数のメスが産卵するように求愛し、巣の中へ導こうとします。メスはオスが作った巣の形状や場所などを見て、その中に産卵するかどうかを決めます。姿が悪い巣を、良くない場所に作ったオスは、子どもをもつことができなくなってしまいます。

③体外で精子が入り受精卵となった子ども（受精卵）を親が体内に取り込んで、稚魚になるまで保護する。この場合の「親の体内」としては、口の中である場合が多くの種で知られている。

魚類愛好家に人気のある、南米のアマゾン川に生息するシルバーアロワナでは、メスが生んだ卵にオスが精子をかけ、その受精卵をオスが口に入れて保護します。オスの口内保育は孵化した稚魚が自力で泳げるようになるまでの約一ヶ月間続きます。

東アフリカを中心にした淡水湖に生息するシクリッドと呼ばれる分類群の魚類の多くは、オスが卵を口内保育します。私は、イエローストライプシクリッドという種を数年間飼育したことがあり、その口内保育を何度も見る機会がありました。オスの口内保育と関連して興味深かったのは、エッグスポットと呼ばれる、オスの尻鰭にある「卵のような斑点」です。産卵したメスは、水中を落ちていく卵を口の中に入れるのですが、その卵はまだ受精していません。オスが精子をかけてはじめて、その後の発生が進む受精卵になります。

シクリッドの受精法

そこで、登場するのがオスの尻鰭のエッグスポットです。

オスが尻鰭を水底に接するように横向けにしてたなびかせると、あたかもそこに卵があるように見えます。おそらくメスにも卵のように見えているのでしょう。「あら、ここにも卵があるわ」と思うかどうかはわかりませんが、その卵、つまりオスの尻鰭のエッグスポットを口に入れようとしたまさにそのとき、オスは尻鰭の傍にある尿道から精子を放出しメスの口の中にある卵に精子がかかるのです。つまり受精が起こるのです。

口の中以外の「親の体内」の例としては、たとえばタツノオトシゴが知られています。タツノオトシゴでは、オスが腹部に育児嚢をもっており受精卵をその中に入れ、孵化後もしばらくの間、嚢の中で子どもを保護します。

お次は両生類。受精卵は多くのカエル類やサンショウウオ類のように、ゼリー状の覆いで包まれているとはいえ、産みっぱなしの場合が多いです。しかし、産卵後、受精卵を保護する種もたくさんいます。

たとえば、日本で国の天然記念物

に指定されている世界最大の両生類オオサンショウウオでは、オスが川岸の、石や土に覆われた穴に巣を構え、その中に入ってくるメスに産卵を促します。その後、卵に精子をかけ、穴の中にとどまって、その受精卵を保護します。捕食者からの防衛はもちろん、水を送って受精卵や胚が酸素不足になったりカビにやられたりするのを防ぐのです。

カエル類でも、子の保護をする種はいろいろ知られています。ヨーロッパに生息するサンバガエルでは、オスが受精卵を後ろ脚にくっつけて、移動もともにしながら保護します。

親が受精卵を自分の体内に入れて、オタマジャクシを経て変態するまで保護する種も知られています。南米に生息するダーウィンハナガエルのオスは、鳴嚢（オスがもつ皮膚に覆われた膜。それを膨らませてメスへの求愛コールを発声させる）に入れ、オーストラリアの熱帯林に生息するカモノハシガエルでは、メスが胃の中に入れて保護します。保護中は胃からの有機物分解酵素の放出は止められます。

体内に子どもをぎっしり詰めた新種のヒトデ

紹介し続ければきりがないので、そろそろ本題の「体内にたくさんの子ヒトデが詰め込まれた新種のヒトデ」の話をしましょう。

この新種は、現存している種ではなく、アメリカ・スミソニアン国立自然史博物館に保存されていた標本の中から偶然見つかったものです。① 標本ヒトデの腹を割ってみたところ、中に小さなたくさんの子ヒトデが入っていたのです。

体腔、動物の皮膚を含んだ体壁と内臓との間にある空所に詰まっていたといいます。

ヒトデは分類学から言うと、ウニやナマコなどと同じ「棘皮動物」と呼ばれるグループに属し、世界中の海に生息しています。メスとオスが、腕の付け根あたりにある生殖孔から卵や精子を水中に放出して卵の受精が行われます。

これまでにも、現存するヒトデ類の中には子どもを保護する種が知られており、たとえば、体を下向きに体を丸めるようにして、海底と体の間につくった空間に子どもを抱えて保護するタイプや、胃の中で保護し稚ヒトデになったら口から放

① New Genera, Species, and observations on the biology of Antarctic Valvatida (Asteroidea)

出するタイプなどが知られています。しかし、体腔という、意外な、そして本当の意味で「体内」で子どもを稚ヒトデまで保護するタイプは知られていませんでした。

この意外な標本ヒトデを発見したのは、博物館の研究主任のクリストファー・マー氏でした。標本は1963年に南極圏の水深約3200mの深海から採取されたものでした。そもそもマー氏が標本の腹を割ったのは標本の体内、特に消化器官を調べれば、深海に生息するヒトデが何を食べているのかがわかるかもしれないと思ったからでした。

ところで南極圏の海域で、体内で子どもを保護するヒトデが見つかったのは偶然ではなく、どうもヒトデの外部環境に対する普遍的な適応があったからではないかと推察されました。というのも、現存するヒトデにおいても体内、体外を問わず子どもの保護行動を行う種は南極圏の海域に多いことが研究者の間では知られていたからです。

その理由についてマー氏たちは次のような仮説を提示しています。南極の海では、潮の流れが比較的速いため、体も小さくて水流に対する抵抗力も小さい子ヒトデが海底に定着するのは難しい場合もあります。それに加え、南極圏のヒトデが生息するのは深海である場合が多く、そこに届く太陽光の量は少なくて光合成で増える植物プランクトンの量も少ないのです。つまり、親ヒトデと違って、植物プランクトンのような小さいものしか餌にできない子ヒトデにとって、南極圏の海は、餌が欠乏する環境だというわけです。そんな環境で、子ヒトデは親ヒトデの体腔内で保護され何らかの栄養をもらっている可能性が高いのです。

さて、ここから、冒頭からお話ししているヒトデ以外のさまざまな分類群の種の子育てのパターンとマー氏たちの仮説とががっちりと結びつくことになります。つまり、マー氏たちの仮説は動物一般の子育てのパターンの違いに関して唱えられている仮説によく合うのです。

日本の生態学者、故・伊藤嘉昭氏（名古屋大学名誉教授）は、かなり以前になりますが多くの学徒に影響を与えた『比較生態学』（1978年・岩波書店）の中で、卵黄の量、つまり卵の大きさや数、親による子の保護の程度についての生態学的傾向として、「子ども自身による餌の得やすさ」が重要な決定要素になると述べています。

その後、この仮説はより詳細な仮説へと進歩していますが、基本的な点で伊藤氏の指摘の価値は失われていません。

そして、この「子ども自身による餌の得やすさ」に、「子にとって捕食者が多いかどうか」、「子にとって気温、乾燥度といった無機的な環境要因はどうか」という要素を加えれば、これまでお話ししてきた節足動物、魚類、両生類、爬虫類、鳥類、哺乳類の各種における卵の大きさや数、保護のパターンはほぼ合理的に説明できます。

海に比べ、子どもにとって餌が取りにくく生息環境も厳しいことが多い河川では、子への弁当である卵黄を多くし、子を守る「少子保護戦略」の魚種が多いのです。前述のサケ類もトゲウオ類も、オスが巣内で子を守るハゼ類もそうです。

日本に生息するカエルの中で一番大きい卵を産むのは、高地の谷川の岸の穴や林の水たまりに産卵するタゴガエルです。60〜100個くらいの、カエル類の中では非常に少ない数の卵を産みます。産卵される場所は子にとっては餌の獲得が難しい場所です。前述の、オスが鳴嚢内で幼生まで保護するダーウィンハナガエルや、メスが胃の中で幼生まで保護するカモノハシガエルはいずれも、「陸上」という、子にとって餌の獲得ももちろん、生存にも厳しい場所で生きる種なのです。

最後に節足動物のオオムカデ（多足類）とハサミムシ（昆虫類）の例をご紹介しましょう。理由は「2種とも、私が大学の実習で観察対象にしたことがある、特に、愛着がある土壌動物であり、土壌中は、子が餌を取りにくく、カビ（の菌糸）も含め、たくさんの捕食者が徘徊する環境だから」です。

まず、オオムカデです。日本では約30種が知られていますが、時に家屋の中に侵入し、人々を恐怖のどん底に陥れるオオムカデは、「虫」を嫌う人の嫌要素のほとんどを備えています。何本もの脚、テカテカ光る体表、節が連なった本体、大きくて速い動き、噛まれると猛烈に痛い……。

しかし、そのオオムカデも、生物の宝庫、というか生物の掃きだめ、というか、とにかく生物に満ちている土壌の中では、彼らの卵や幼体は多くの捕食者に狙われます。他のムカデ、クモ、ハサミムシ、ハネカクシ、モグラ、ヒミズなどからです。そうなると親としては子を守るために頑張らざるを得ないでしょう。頑張る特性を進化させなかったオオムカデは、現在、地球上に生き残っていないとも言えます。

あるとき私は、キャンパス林の中を散策していて何気なく地面の石をはがしてみて、最初、「なんだ、これ?」、次に「えっ、マジか!」と驚いてしまいました。あたかも竜が玉を守るように周囲に巻き付いているように、小さな子オオムカデの塊を大事そうに抱えた親オオムカデを発見したのです。感動的でした。

もう一種の土壌動物は、ヒゲジロハサミムシです。

土中に穴を掘り、その中に白い卵を数十個産み、母親が密着して保護するのです。そこにダンゴムシやクモやハネカクシなどが近づいてくると、尻から突き出ている、クワガタムシの角のような形状の「ハサミ」を振り回し追い払おうとします。私の指に対してもそうしました。さらに、地中に広がるキノコやカビなどの菌類の菌糸が卵の表面を覆うように伸びてくると、母親は顎で濾し取ります。

以上、「体内にたくさんの子ヒトデが詰め込まれた新種のヒトデが発見された」博物館での出来事と、その事実について理解を深める話をしたつもりです。

これからも自然は、いろんな驚くような新しい出来事を、少しずつ少しずつ見せてくれるでしょう。

我が子の死を嘆くアフリカゾウ

ゾウの話で始まった本書ですが、最後もゾウの話で終わります。まずは2024年2月26日付の学術誌に掲載されたインド森林局のパルヴィーン・カスワン氏たちによる研究①の内容からご紹介しましょう。

2022年～2023年に、インドのベンガル地方で、アジアゾウの成獣が土を掘り、群内の死んだ子ゾウを埋める事例が5件見られました。ある事例では、ゾウの群れが埋められた子ゾウの周りで咆哮（ほうこう）していたといいます。

① Unearthing calf burials among Asian Elephants Elephas maximus Linnaeus, 1758 (Mammalia: Proboscidea: Elephantidae) in northern Bengal, India

研究チームは、埋められていた子ゾウを掘り出して調べ、彼らが生後3〜9か月の間に多臓器不全で死亡していたことを確認しました。また、成獣は埋める場所まで子ゾウの死体を引きずっていったことが、埋められた子ゾウの死体に着いた傷の状態から推察されたといいます。実際に、成獣が鼻で子ゾウの死体の鼻をつかんで引っ張っているところも観察されていました。埋められている状態を調べると次のような興味深い事実も認められました。

多くの子ゾウの死体は、四足が上方を向き、頭と胴体が底面になるように、つまり立っている状態と真逆の姿勢で埋められていたのです。

ちなみに、死んだ成獣は埋められることはありませんでした。研究チームは、成獣の死体は重くて大きすぎるので移動させて埋めることが無理なのだろうと推察しています。

ある事例では、子ゾウの死体が埋められた場所の周囲には15〜20頭のゾウの足跡が、はっきり残っていたといいます。つまり、群れのゾウが、埋められた場所

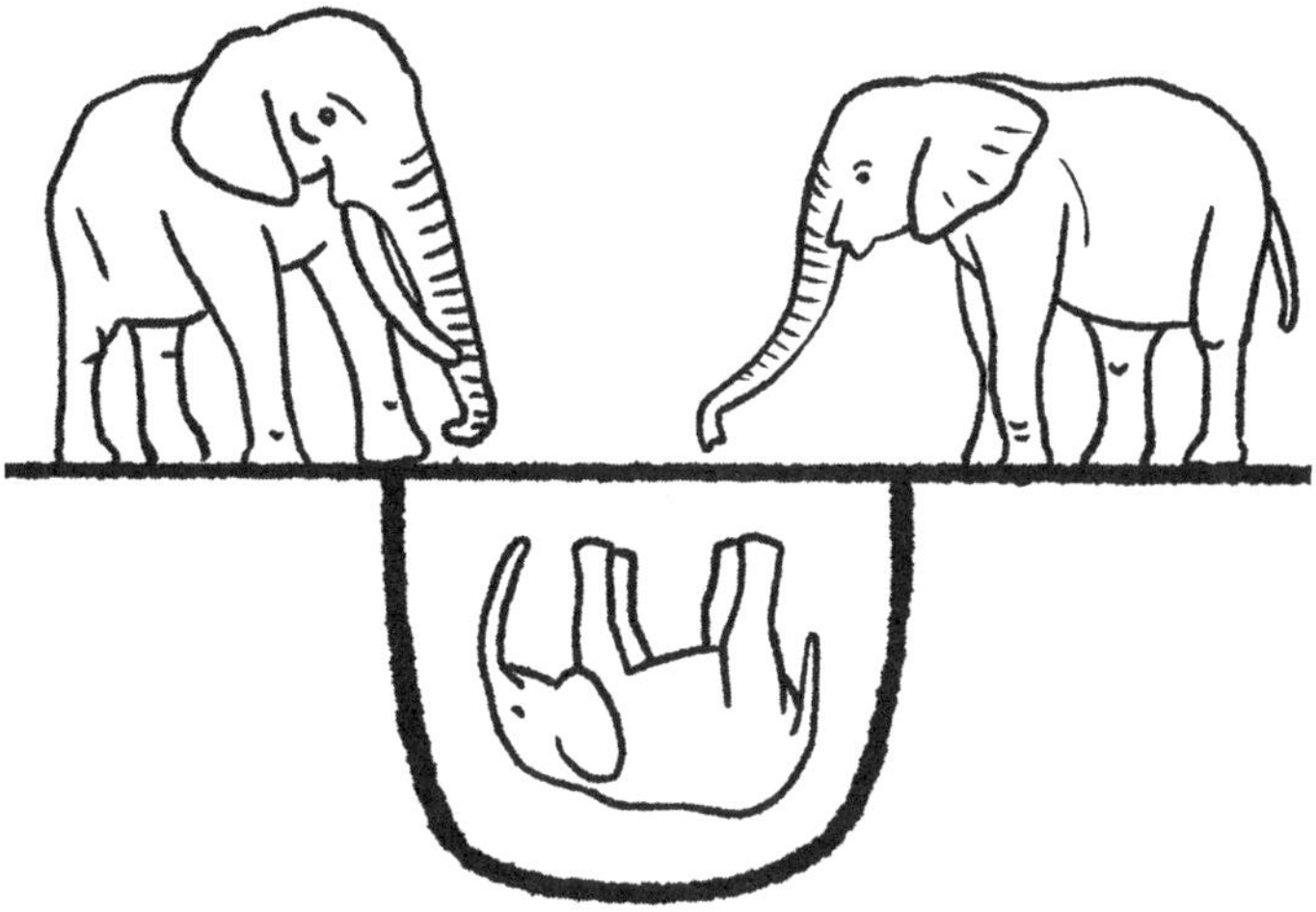

までついてきて、その場所にとどまったことを示唆しているのです。

群れの誰かが死んだとき、死体に特別な関心が注がれることは、アフリカゾウでも知られています。亡くなった個体の近親個体が夜もずっとそばに寄り添ったり、長期間にわたってとどまったり、また、亡くなった近親個体の顎の骨を持ち歩いたりした例も報告されています。

ところで、ここまでお話しした観察事例は実に興味深い現象ですが、以上の事実は、我々ホモサピエンスで儀式的に行われる葬儀の一種である「土葬」と結びつけて語られることが多いのです。つまりホモサピエンスの土葬の心理的な芽がゾウにもあるのではないかというわけです。

さて、どうなのでしょうか。

動物行動学や進化心理学の視点からは、近親個体や同一の群れの個体、つまり、同一の遺伝子をもっている程度が高い個体の死（「死」という概念をゾウがもっているのかどうかは定かではないですが）に対して悲しみのような特別な激しい感情を体験するのは、進化的に有利なことだと考えられます。

前述しましたが、進化とは、脳や心臓、生殖器などの臓器や骨格などもすべて含めた個体の設計図となり、個体を乗り物のように操縦する遺伝子が、より良い個体（乗り物）を残せるように変異しながら、後世の世代にそのコピーを残し広げていく過程です。もちろん遺伝子に意思はありません。偶然変化するのです。

自分と同じ遺伝子をもつ程度が高い近親個体が死んだとき、悲しみを感じ、その後、その死の原因となった事物事象に特に警戒するようになれば、近親個体の中にいる自分のコピー遺伝子が消滅することを防ぐことにもつながります。近親個体の死に「悲しみを感じること」は進化の仕組みが生み出した脳の働きなのです。

では、ゾウもホモサピエンスも、なぜ、死体を土に埋める「土葬」という行動をとることが多いのでしょうか。ホモサピエンスの土葬に関しては、これまでは文化人類学が主役となって論考が進められてきましたが、動物行動学の視点からは次のような仮説も可能です。

我々ホモサピエンスは、約20万年前に地球上に誕生し、その後現在に至るまでの歴史の９割以上は自然の中で狩猟採集生活を行ってきた。その中で、ホモサピエンスは日々の中で起こる出来事を、「因果関係」、つまりAがBだからCになったという思考様式によって把握しようとした。そういう思考様式を生み出す神経回路が脳内に存在する。

その働きにより、山の地盤が雨で緩くなり岩が転げ落ちたときとか、自分が悪いことをしたから神が怒って罰を与えたとか、死んだ近親個体の体から霊魂が遊離して森や居住地で家族を災難から救ったとか、そんな因果関係を考え出させるのです。

そんな思考が、初期のホモサピエンスの生活の中では、霊魂に礼を示すための葬儀の遂行を促したのではないでしょうか。葬儀の内容については、土葬、火葬、水葬（海に流す）、鳥葬（ハゲワシなどの肉食鳥類に食べさせる）などがあります。ホモサピエンスの生存という面から言えば、死体は病原菌の温床にもなり、健康な個体と隔離する必要があり、こういった方法は良い方法でしょう。寒すぎて土壌を掘ることができなかったり、木々がなく燃やすものがなかったりといった地域では、鳥葬や水葬が行われていることも偶然ではないでしょう。

こういったホモサピエンスにおける葬儀、特に土葬に関する考察がアジアゾウにおける土葬のような行動の発現の理由について何かヒントを与えるでしょうか。ゾウに間近で接している研究者たちは、少なくとも悲しみに近いものはあると主張するでしょうが、アジアゾウに悲しみといった感情があるのかどうか、については不明です。しかし、土に埋める行為については、死体の体内で繁殖する可能性も高い有害な病原体を封じ込めるという意味で、他個体の生存には有利に働いている可能性はあるでしょう。そういった行動を行う個体のほうが、行わない個体より生き延びやすかった可能性はあるでしょう。

報告によれば、アジアゾウは、子ゾウを埋めた場所を避ける傾向を示すといいます。生息地が、気候特性によって、比較的湿った環境であるアジアゾウでは、その傾向も、病原体からの被害を避ける意味で有効なふるまいとして学習され受け継がれているのかもしれません。

著者

小林朋道

1958(昭和33)年岡山県生まれ。公立鳥取環境大学学長。岡山大学卒、理学博士(京都大学)。ヒトを含むさまざまな動物について、動物行動学の視点で研究してきた。『ヒトの脳にはクセがある 動物行動学的人間論』(新潮社)など著書多数。

協力

ナゾロジー

身近に潜む科学現象から、ちょっと難しい最先端の研究まで、その原理や面白さをわかりやすく伝える科学系ニュースサイト。最新の科学技術や面白実験、不思議な生き物を通して、読者の心にナゾを解き明かす「ワクワクの火」を灯している。
https://nazology.net

X（旧Twitter）
ナゾロジー＠科学ニュースメディア
@NazologyInfo

YouTube
ナゾロジー　科学動画チャンネル
https://www.youtube.com/@nazology-science

Bookstaff

イラスト：ササオカミホ（株式会社SASAMI-GEO-SCIENCE 代表／サイエンスデザイナー）

カバーデザイン：bookwall

校正：ペーパーハウス

ウソみたいな動物(どうぶつ)の話(はなし)を大学(だいがく)の先生(せんせい)に解説(かいせつ)してもらいました。

発行日　2025年　2月28日　第1版第1刷

著　者　小林(こばやし)　朋道(ともみち)
協　力　ナゾロジー

発行者　斉藤　和邦
発行所　株式会社　秀和システム
〒135-0016
東京都江東区東陽2-4-2　新宮ビル2F
Tel 03-6264-3105（販売）Fax 03-6264-3094
印刷所　三松堂印刷株式会社　Printed in Japan

ISBN978-4-7980-7266-1 C0045